Ilhem Chachoua

Urée dans l'alimention des ovins effet sur le parturition et le croit

Ilhem Chachoua

Urée dans l'alimention des ovins effet sur le parturition et le croit

Alimentation des brebis gravides à base de pailles traitées à l'urée

Presses Académiques Francophones

Imprint
Any brand names and product names mentioned in this book are subject to trademark, brand or patent protection and are trademarks or registered trademarks of their respective holders. The use of brand names, product names, common names, trade names, product descriptions etc. even without a particular marking in this work is in no way to be construed to mean that such names may be regarded as unrestricted in respect of trademark and brand protection legislation and could thus be used by anyone.

Cover image: www.ingimage.com

Publisher:
Presses Académiques Francophones
is a trademark of
International Book Market Service Ltd., member of OmniScriptum Publishing Group
17 Meldrum Street, Beau Bassin 71504, Mauritius

Printed at: see last page
ISBN: 978-3-8416-3491-7

Zugl. / Agréé par: Batna,université batna,2015

Copyright © Ilhem Chachoua
Copyright © 2015 International Book Market Service Ltd., member of OmniScriptum Publishing Group
All rights reserved. Beau Bassin 2015

REMERCIEMENTS

Au terme de ce travail, je voudrai tout d'abord remercier Allah, notre créateur de nous avoir donné la foi, la guidée et tous les moyens pour la réalisation de ce modeste travail.

A mon Directeur de thèse Monsieur T. Meziane Professeur à l'université El Hadj Lakhdar de Batna pour m'avoir proposé de travailler sur ce projet de thèse et pour m'avoir apporté l'aide nécessaire afin de mener à bien celui-ci. Merci pour votre disponibilité. Sincères remerciements.

A Monsieur M. Tlidjane Professeur à l'université El Hadj Lakhdar qui nous a fait l'honneur d'accepter de présides notre jury de thèse ; Hommages respectueux.

A Madame K. Deghnouche Maitre de conférences à l'université de Biskra qui nous a fait l'honneur de faire partie de notre jury de thèse. Sincères remerciements.

A Monsieur N. Alloui Professeur à l'université El Hadj Lakhdar de Batna qui nous a fait l'honneur de faire partie de notre jury de thèse. Sincères remerciements.

A Monsieur M. Bensouilah Professeur à l'université d'Annaba qui nous a fait l'honneur de faire partie de notre jury de thèse. Sincères remerciements.

Mes remerciements vont également à **Monsieur D. Ouachem** Maitre de conférences à l'université de Batna qui malgré ses empêchements a accordé beaucoup de son temps pour m'orienter, c'est grâces à son soutient et ces encouragements que ce travail a été mené à terme.

Je tiens également à manifester ma reconnaissance à **Monsieur A. Dehimi** Directeur de l'ITELV Ain M'lila pour m'avoir permis de réaliser mon protocole expérimental et pour sa gentillesse, ainsi qu'a tout le personnel de son institut sans oublier **Madame N. Ghouzlene** pour son aide précieuse pour les prélèvements sanguins.

Une pensée fraternelle est adressée à tous mes collègues de l'université de Batna : **Doumandji. H; Serhane. S; Rekik. F; Kalli. A; Kaboul. N; Meredef. A; Mehdaoui. A et Yousfi. M.**

A tous ceux qui de près ou de loin m'ont apporté leur concours.

DEDICACES

A la mémoire de mes très chers parents
Qu'allah les accueille dans son vaste paradis

A mes beaux-parents et leurs enfants

A mon cher mari Abdelhakim
Grace à qui j'ai pu réaliser ce travail

A mes sœurs et frères
Nadia, Samia, Leila, Ahmed, Missoum, Mourad, Moncef et Karim

A mes filles
Chahrazed, Baya et Myriam-Ines, qui m'ont beaucoup aider par leur soutient moral

SOMMAIRE

Introduction 1

Première partie : Etude bibliographique

CHAPITRE I
L'urée : source d'ammoniac pour les ruminants

I- Généralités sur l'urée 3
II- Hydrolyse de l'urée 3
    II-1- Sources et fonctions uréasiques 4
III- Conditions de transformation de l'urée en ammoniac 5
    III-1- Doses d'urée 5
    III-2- Taux d'humidité de la paille 5
    III-3- La température 6
    III-4- Durée de traitement 6
    III-5- Apport d'additifs 7
IV- Variation du pouvoir uréolytique des pailles de céréales 7
    IV-1- L'espèce et la variété 7
    IV-2- Origine de la paille 7
    IV-3- L'aptitude de la paille à moduler les conditions chimiques d'uréolyse 7
V- Recommandations pour une meilleure utilisation de l'urée 7
VI- Dégradation des constituants azotés dans le rumen 8
    VI-1- L'urée 8
    VI-2- Les nitrates 9
    VI-3- La synthèse des constituants azotés microbiens 9
    VI-4- Azote 10
Conclusion 10

CHAPITRE II
Utilisation rationnelle des pailles de céréales dans l'alimentation des ruminants en Algérie

- I- Evolution des ressources fourragères et des besoins alimentaires du cheptel 12
  - I-1- Aperçu sur l'élevage des ruminants 12
    - I-1-1- Principales caractéristiques des systèmes d'élevages 14
    - I-1-2- Besoins alimentaires du cheptel 14
  - I-2- Les ressources alimentaires en Algérie 16
    - I-2-1- Contribution des différentes ressources fourragères 16
  - I-3- Déficit alimentaire 18
- II- Utilisation des pailles dans l'alimentation des ruminants 21
  - II-1- Aperçu sur la production des céréales en Algérie 21
  - II-2- Estimation des quantités produites de pailles 22
- III- Les apports alimentaires de la paille 23
  - III-1- Justification de l'utilisation des pailles dans l'alimentation des ruminants 23
  - III-2- Détermination des apports 24
    - III-2-1- Estimation des superficies destinées à la céréaliculture 24
    - III-2-2- Estimation des apports 25
    - III-2-3- Place de la paille dans le bilan fourrager 26
  - III-3- Contribution alimentaire de la paille 30
    - III-3-1- Composition chimique 30
    - III-3-2- Utilisation des ressources alimentaires disponibles 31
    - III-3-3- Principes d'utilisation de la paille 32
  - III-4- Amélioration de la paille 32
    - III-4-1- La complémentation 32
    - III-4-2- Les traitements 33
- IV- Utilisation des pailles traitées dans l'alimentation des ruminants 35
  - IV-1- Utilisation des pailles traitées dans l'alimentation de la vache laitière 35
  - IV-2- Utilisation des pailles traitées par des bovins en croissance 36
  - IV-3- Utilisation des pailles traitées dans l'alimentation des caprins 37
  - IV-4- Utilisation des pailles traitées dans l'alimentation des ovins 39
- Conclusion 41

CHAPITRE III
Paramètres sanguins

I- Aperçu sur quelques paramètres plasmatiques 43
   I-1- Les protéines plasmatiques 43
      I-1-1-Régulation de la protéinémie 43
      I-1-2- Facteurs de variation de la protéinémie 44
   I-2- L'urée plasmatique 44
      I-2-1- Formation de l'ammoniac 45
      I-2-2- Métabolisme de l'urée 45
      I-2-3- Facteurs de variation de l'urémie 47
      I-2-4- La toxicité 47
   I-3- La créatinine 48
      I-3-1- Facteurs de variation de la créatinémie 49
Conclusion 49

Deuxième partie : Etude expérimentale

CHAPITRE I
Matériel et méthodes

I- Matériel 50
   I-1- Les animaux 50
   I-2- Les aliments 50
   I-3- Déroulement de l'essai 53
   I-4- Période d'accoutumance 55
II- Méthodes analytiques 55
   II-1- Analyses fourragères 55
      II-1-1- Composition chimique des fourrages 55
      II-1-2 –Valeur nutritive 55
      II-1-3-Détermination de la composition chimique 56
      II-1-4- Méthodes analytiques 56
      a-   Matière Sèche (MS) 56
      b-   Matières Organique et Minérale (MO et MM) 56

- c- Matières Azotées Totales (MAT) 57
- d- Matière Grasse (MG) 57
- e - Cellulose Brute (CB) 57
- f- Parois Totales (NDF : Neutral Detergent Fiber) 58
- g- Acid Détergent Fiber (ADF) 59
- h- Acid Détergent Lignin (ADL) 59
- i- Détermination de la teneur en éléments minéraux 60
  - i_1- Dosage du phosphore 61
- II-2- Analyse du lait 62
- II-3- Analyses biochimiques 62
  - II-3-1- Méthodes de dosage 63
    - II-3-1-1- Les constantes biologiques 63
      - a- Glucose 63
      - b- Cholestérol 64
      - c- Triglycérides 64
      - d- Urée sanguine 65
      - e- Protéines totales 65
      - f- Albumine 66
      - g- Créatinine 66
- II-4- Les mesures 66
  - II-4-1- Matière Sèche Ingérée (MSI) 66
  - II-4-2- Pesée des animaux 67
  - II-4-3- Production laitière 67
- II-5- Analyse statistique 67

CHAPITRE II
Résultats et discussion

- I. Composition chimique 68
- II- Matière sèche de paille ingérée 70
- III- Effet du traitement sur le poids à la naissance 71
- IV- Gain de poids moyen quotidien (g/j) 73
- V- Production laitière 73
- Conclusion 75
- VI- Etude des paramètres plasmatiques 75

VI-1-Evaluation du bilan énergétique 76
    VI-1-1- Glycémie 76
    VI-1-2- Cholestérolémie 78
    VI-1-3-Triglycérides 79
VI-2- Evaluation du bilan azoté 80
    VI-2-1- Variation de la protéinémie 81
    VI-2-2- Variation de l'urémie 82
    VI-2-3- Variation de l'albuminémie 84
    VI-2-4- Variation de la créatinémie 85
Conclusion 86

CHAPITRE III
Indicateurs économiques des coûts de traitement des pailles

Introduction 87
I- Etude du marché des produits 87
    I-1- La paille 87
        I-1-1- Commerce de la paille 87
        I-1-2- Prix de la paille 88
    I-2- L'orge 91
        I-2-1- Commerce de l'orge 91
II- Coût du traitement de la paille à l'urée 93
    II-1- Matériels et fournitures (pour une meule) 93
    II-2- Calcul du coût de traitement d'un kg de paille à l'urée 93
        a- Bâche en polyéthylène 93
        b- Main d'œuvre 94
        c- Eau 94
    II-3- Valeur de la paille traitée à l'urée 94
    II-4- Matériels et fournitures (pour une meule) 95
        II-4-1- Coût de l'UF générée par le traitement de la paille à l'urée 95
        II-4-2- Coût du kg de paille non gaspillée 95
Conclusion 95
Conclusion générale... 97
Références bibliographiques

Liste des abréviations

CMV : Complément minéral et vitaminique

CB : cellulose brute

ENSA : Ecole Nationale Supérieure d'Agronomie

DSA : Direction des Services Agricoles

g : gramme

GMQ : gain moyen quotidien

H : heure

l : litre

j : jour

Kg : kilogramme

MADR : Ministère de l'Agriculture et du Développement Rural.

MAT : Matières azotées totales

MM : Matière minérale

MO : Matière organique

MOD : Matière organique digestible

MS : Matière sèche

MSI : Matière sèche ingérée

MSR : Matière sèche refusée

NDF : Neutral Détergent Fiber

N : azote

NH$_3$: Ammoniac

P^{0,75} : Poids métabolique

PNT : Paille non traitée

PT NH$_3$: Paille traitée à l'ammoniac

PTU : Paille traitée à l'urée

UFL : Unité fourragère lait

Liste des tableaux

Tableau n°1 : Estimation du cheptel ovin, caprin et bovin algérien de 2000 à 2013.

Tableau n°2 : Estimation des besoins du cheptel National en UF de 2000 à 2013.

Tableau n° 3 : Evolution des superficies destinées à l'alimentation du cheptel National.

Tableau n° 4 : Bilan fourrager National de 2000 à 2013.

Tableau n° 5 : Quantités de grains de céréales (Qx) produites en Algérie de 2000 à 2013.

Tableau n° 6 : Disponibilité potentielle des pailles de céréales de 2005 à 2013.

Tableau n° 7 : Superficies destinées à la céréaliculture (ha) de 1999 à 2006.

Tableau n° 8 : Evaluation des disponibilités en UF des pailles de 1997 à 2006.

Tableau n° 9 : Bilan fourrager de la période allant de 1997 à 2006.

Tableau n° 10 : Bilans fourragers et taux de couverture des pailles.

Tableau n° 11 : Composition chimique des pailles: les constituants pariétaux (% MS).

Tableau n° 12 : Performances des bovins en croissances alimentés avec de la paille traitée à l'ammoniac ou non.

Tableau n° 13 : Utilisation comparée des parcours et de la paille traitée par la chèvre de Tunisie.

Tableau n° 14 : Effets de l'utilisation à long terme de la paille traitée sur la prolificité et la fertilité des brebis de la race Barbarine.

Tableau n°15: Ingestion volontaire et variation des poids des brebis alimentées avec différents régimes à base de paille traitée à l'ammoniac ou à l'urée.

Tableau n° 16 : Effets de l'utilisation à long terme des pailles traitées sur le poids à la naissance et la croissance des agneaux.

Tableau n° 17: Protéines plasmatiques totales chez les ovins (g /l).

Tableau n° 18 : Urée sanguine chez les ovins (g /l).

Tableau n° 19: Créatinémie plasmatique chez les ovins.

Tableau n° 20 : Composition chimique de la paille et du concentré.

Tableau n° 21: Composition minérale de la ration.

Tableau n° 22 : Composition minérale des pierres à lécher.

Tableau n° 23 : Valeur alimentaire des pailles.

Tableau n° 24 : Besoins des animaux aux différents stades physiologiques.

Tableau n° 25 : Chronologie de distribution des aliments aux différents stades physiologiques.

Tableau n° 26 : Composition chimique et pariétale des deux pailles.

Tableau n° 27: Effet du traitement sur MSVI (g MS/kg $P^{0,75}$).

Tableau n° 28 : Poids moyen à la naissance et gain de poids moyen quotidien (g) des deux lots.

Tableau n° 29: Effet de la paille traitée à l'urée sur la production et la composition du lait.

Tableau n° 30 : Variations de la glycémie durant la gestation et la lactation (mmol / l).

Tableau n° 31 : Variations de la cholestérolémie durant la gestation et la lactation (mmol / l).

Tableau n° 32 : Variations des triglycérides durant la gestation et la lactation (g / l).

Tableau n° 33 : Les variations des protéines totales (g/l).

Tableau n° 34 : Les variations de l'urémie (mmol/l).

Tableau n° 35 : Les variations de l'albuminémie (g/l).

Tableau n° 36 : Les variations de la créatinémie (mg/l).

Tableau n° 37 : Prix de la paille pendant la période allant de 2005 à 2013 (DA /botte).

Tableau n° 38 : Prix de l'orge durant la période allant de 2005 à 2013 (DA/Qx).

Tableau n° 39 : Coût du Kilogramme de paille non gaspillée (DA).

Liste des figures

Figure n° 1 : Estimation des besoins du cheptel National en UF de 2000 à 2013.
Figure n° 2 : Estimation des besoins et de l'offre fourragère en UF de 2000 à 2013.
Figure n° 3 : Déficit National en UF de 2000 à 2013.
Figure n° 4 : Bilan fourrager avec paille.
Figure n° 5 : Evolution du prix de la botte de paille de 2005 à 2013.

Introduction

Introduction

En Afrique du Nord, l'alimentation des ruminants repose sur l'utilisation de fourrages de qualité inférieure, souvent riches en fibres.

Le développement de l'élevage ovin en Algérie est limité par l'insuffisance de la production fourragère. Le déficit est plus ou moins comblé par les fourrages naturels et les sous-produits de céréalicultures et les apports d'aliments concentrés.

La céréaliculture occupe pour plus de 50% de la surface agricole utile, cette activité est donc une spéculation clé pour l'alimentation des ruminants. Avec une production moyenne de 4 millions de tonnes en 2012 (M A, 2013), la paille constitue une ressource intéressante des systèmes alimentaires des herbivores à optimiser. Malheureusement, cette ressource alimentaire est caractérisée par des faibles niveaux en énergie et en protéines. De ce fait, les pailles ne peuvent pas en l'état contribuer de façon efficace à la couverture des besoins nutritionnels des animaux.

La valorisation des pailles par le traitement à l'urée pourrait constituer ainsi une alternative pour augmenter substantiellement la valeur fourragère et renforcer du même coup l'association céréaliculture – élevage ovin. Plusieurs études ont montré que les pailles de céréales traitées à l'ammoniac ou à l'urée sont mieux valorisées par les ruminants (Triki, 1988 ; Yahiaoui, 1992 ;Yakhlef , 2003). Le recours à un système alimentaire basé sur l'utilisation de la paille traitée à l'urée constitue une voie d'amélioration de la valeur alimentaire.

Toutefois, si les recherches sur l'utilisation par les ovins des pailles traitées aux alcalis sont assez nombreuses (Cordesse et al., 1989 ; Koriz et Boukedjar, 1991 ; Yahiaoui, 1992 ; Zazona et Boukheroua, 1992 ; Haned et Belghitar, 1993 ; Chermiti, 1994 ; Houmani, 1998 ; Yakhlef, 2003), ces dernières ont été focalisées sur la composition chimique et les performances de croissances. Des questions se posent sur leur utilisation durant la période de gestation et de la lactation et leurs effets sur la reproduction des brebis. Car la gestation, la parturition et la lactation représentent des changements physiologiques de l'organisme, activant les mécanismes d'adaptation dont l'objectif est de maintenir l'homéostasie durant la période péripartum (Jacobs et vadodari, 2001). Chez la brebis, le fœtus et particulièrement durant le dernier trimestre de gestation, est complètement dépendant de sa mère pour son approvisionnement en nutriments essentiels, qui diffèrent selon le stade de gestation. Le bon développement et la croissance des fœtus et des agneaux nouveau-nés nécessitant un transport adéquat des nutriments à travers le placenta et la glande mammaire. Par conséquent, une alimentation équilibrée en fin de gestation est très recommandée pour le développement du fœtus et sa survie à la naissance.

Dans le cadre de la présente thèse on se propose d'étudier les effets du traitement d'une paille d'orge à l'urée (7%) chez deux lots de brebis durant la gestation, au moment de l'agnelage et pendant la lactation. Les effets du traitement à l'urée seront appréciés par des dosages des composants majeurs des pailles, le contrôle de la matière sèche volontairement ingérée, le poids à la naissance, la production laitière, la qualité du lait et le poids au sevrage. Afin d'apporter un complément d'information sur l'efficacité de la digestion et de l'assimilation des nutriments sur l'équilibre métabolique des brebis au cours des périodes de gestation et de lactation, la présente étude a été complétée par une évaluation de l'état nutritionnel ou métabolique par le dosage de quelques paramètres sanguins.

Les démarches de cette thèse reposent sur une partie bibliographique, dans laquelle la production des pailles, leur importance dans le calendrier fourrager du cheptel ruminant en Algérie et la nécessité de leur traitement ont été documentés dans le but de mieux valoriser les grandes quantités des pailles disponibles.

La partie expérimentale est consacrée à l'étude des effets du traitement sur la composition chimique, les performances zootechniques des brebis et des agneaux, le profil sanguin et enfin l'étude des indicateurs économiques du coût du traitement.

Première partie
Etude bibliographique

Chapitre I
L'urée : source d'ammoniac pour les ruminants

Chapitre I
L'urée : source d'ammoniac pour les ruminants

I- Généralités sur l'urée :

L'urée, ou carbamide dans l'industrie chimique, est une substance inodore obtenue à partir de l'ammoniac et du gaz carbonique à haute température et sous pression élevée.

A l'état pur, elle se présente sous forme de cristaux blancs et prismatiques très solubles dans l'eau. Elle renferme 46,6% d'azote. En solution, elle se comporte comme base. Son hydrolyse conduit, si elle est totale, à la formation d'ammoniac (NH_3) et de CO_2 dans le rapport « poids d'ammoniac / poids d'urée » égal à 34/60 (56,66% d'NH_3) (Chenost et Dulphy, 1987).

L'urée a été utilisée pour la première fois comme source d'ammoniac dans le traitement des fourrages en 1970 (Bergner et al., 1974). Son utilisation pour traiter les pailles a débuté en 1977 dans les pays Scandinaves et en extrême orient (Sahnoune, 1987). En Algérie, c'est au début des années 1980 qu'ont été engagés les premiers travaux, puis les recherches ont pris de l'ampleur dans le cadre de thèses et de mémoires, notamment en alimentation ovine à l'ENSA d'Alger.

II- Hydrolyse de l'urée :

Réalisée en présence d'une enzyme, appelée uréase, cette dernière a été découverte en 1876 par Musuculus (Javillier et al., 1964). Elle a été isolée des extraits de graines de jaquier, sous sa forme cristallisée pure, en 1926 par James Summer à l'université Cornell (Bouguettaya, 1999).

Selon Javillier et al. (1964), l'uréase hydrolyse l'urée selon le schéma suivant :

$$OC\begin{matrix}NH_2\\ \\NH_3\end{matrix} + H_2O \longrightarrow OC\begin{matrix}NH_2\\ \\OH\end{matrix} + NH_3 \longrightarrow OC\begin{matrix}ONH_4\\ \\ONH_4\end{matrix}$$

    Urée   **Acide carbanique**   **Carbonate d'ammonium**

A partir de ces réactions, Jespersen (1975) avait confirmé la formation de carbonate d'ammonium.

La vitesse de réaction varie suivant la température, l'optimum étant à 30° C (Sahnoune, 1987). A température élevée, la dénaturation thermique des enzymes d'origine végétale est irréversible. L'urée de soja est détruite après traitement à 75° C pendant 45 minutes (Abusalem et al., 1975)

II-1- Sources et fonctions uréasiques :

L'uréase est répandue dans le monde vivant aussi bien dans les plantes que chez les microorganismes, les invertébrés et les organismes supérieurs (Sahnoune, 1987). Selon Freidrich et Magasanik (1977), l'enzyme existe chez plus de 200 espèces de bactéries et plusieurs espèces de levures, de champignons et de plantes supérieures.

Les sources d'uréase les plus importantes semblent être, parmi les végétaux, la fève jack (0,15% de la MS) et parmi les bactéries, Bacillus pasteurii (1% de la MS) (Varner et al., 1960).

Dans le cas du traitement de la paille à l'ammoniac généré par l'urée, le matériel végétal contient de l'uréase capable d'hydrolyser l'urée produite de l'ammoniac (Mahapatra et al., 1977). L'enzyme vient aussi du fourrage lui-même (Cloete et Kritzinger, 1983 ; Williams et al., 1984) que d'une autre source qui lui est ajoutée. Celle-ci peut être végétale (Kiangi et al., 1981 ; Ibrahim et al., 1985) ou microbienne (Singh et Makkar, 1987).

Des bactéries issues de la contamination de la paille par le sol sont également capables d'hydrolyser l'urée (Williams et al., 1984). L'uréase du sol est libérée par les cellules mortes et rompues de microorganismes et d'organes végétaux et se trouve alors absorbée sur les colloïdes (Conrad, 1942) ou dans la solution du sol. L'activité hydrolysante du sol est alors considérée comme étant due à l'ensemble des uréases absorbées et microbienne, avec une valeur supérieure pour l'uréase absorbée (Paulson et Kurtz, 1969).

Williams et al. (1984), rapportent que l'uréase endogène, propre au matériel végétal et celle exogène, développée par les bactéries du sol, représentent les 2/3 et le 1/3 de l'activité uréasique totale.

Selon Bentaleb (1990), la présence d'uréase dans les plantes est en relation directe avec celle de la L. canavanine. La canavanine est un métabolite de réserve (assimilé à un acide aminé) des plantes et, en particulier, des graines. Dans les graines de certaines espèces, notamment celles de légumineuses, L. canavanine est supérieure à 12 % du poids sec et représente 95% de l'azote des acides aminés libres. Dans le même ordre d'idée, il y aurait une présomption favorable quant à une corrélation positive entre la teneur en protéines des graines et leurs teneurs en uréase (Bentaleb, 1990).

L'uréase joue différents rôles dans les organismes qui la produisent :

- Hydrolyse chez les microorganismes : ceux du sol (dont les levures : Candida utilis), qui utilisent l'azote minéral du sol comme seule source d'azote, ont une enzyme inductible par l'urée et inhibée par les taux élevés d'ammoniac (Roon et Levenberg, 1972).

Les bactéries uréolytiques des ruminants sont essentielles pour l'assimilation, par ces animaux, de l'azote uréique. Les genres dominants chez le mouton sont Staphyloccoccus saprophyticus et micrococcus (Van wyk et Steyn, 1975). Chez les bovins, les germes sont anaérobies stricts (Lactobacillii et Bacteroides) (Slyter et al., 1968) ou facultatifs (Staphylococci, Lactobacillus casei, Klebsiella aérogène, Streptofacium) (Cook, 1976).

- Hydrolyse et surtout synthétise dans les plantes supérieures : l'uréase intervient dans les chaînes de biosynthèse de composés organiques azotés (uréides, acides aminés, etc...) (Bollard, 1959 in Bouguettaya, 1999).

III- Conditions de transformation de l'urée en ammoniac :

L'uréase est très faiblement présente dans les pailles de céréales. Son activité serait insuffisante pour générer, à partir de l'urée, les quantités d'ammoniac nécessaires pour un traitement classique si certaines conditions de doses d'urée, de taux d'humidité, de température, de durée d'incubation et d'apports d'additifs ne sont pas réunies.

III-1- Doses d'urée :

Les doses rapportées dans la littérature, les plus communément utilisées, vont de 2 à12% du poids de paille à traiter. Un apport de 6g d'urée pour 100g de paille semble très avantageux. Dans les conditions de température et d'humidité adéquates, cette dose est dégradée dans sa totalité. Elle génère 3,42g d'ammoniac pour 100g de paille. Ceci constitue un apport suffisant pour un traitement à l'ammoniac. Une dose trop importante d'urée peut présenter le risque de ne pas être dégradée dans son intégrité ; l'urée résiduelle qui en résulte peut compromettre aussi bien l'ingestibilité de la paille que la santé des animaux qui la consomment (Bouguettaya, 1999).

III-2- Taux d'humidité de la paille :

L'eau humidifie les tissus de la paille, assurant la mise en solution de l'uréase et son activation. Selon Blakeley et Zerner (1984), elle joue un rôle dans le mécanisme de la réaction d'uréolyse. L'eau sert par ailleurs de véhicule pour l'urée dont elle assure la distribution dans le tas. Un apport d'eau trop faible ou trop fort est néfaste pour la réaction (Bentaleb, 1990).

Le passage d'un taux d'humidité de 20% à 40% se traduit par une hydrolyse plus importante de l'urée (Subagdja, 1985 ; Hassoun, 1987). Avec un traitement à 6g d'urée /100g de paille de blé, Bentaleb (1990) a obtenu un taux de dégradation de l'urée de 49,77% au bout de 30 jours d'incubation avec un taux d'humidité de 26%. Pour la même durée d'incubation le taux de dégradation de l'urée atteint 85% pour un taux d'humidité de 38%, et 100% quand celui-ci est de 53% en seulement 24 jours d'incubation.

Williams et al. (1984), avec de la paille d'orge dosant 45 à 75% de matière sèche et 3,53 à 10,59% d'urée et incubée pendant six semaines à 18°C, ont remarqué que la réaction d'uréolyse est significativement affectée par la teneur en matière sèche de la paille donc par le taux d'humidité ; pour un traitement à 70,5g d'urée par kg de MS , le taux a été de 100% et 36 ,5g quand les teneurs en matière sèche étaient de 45% et 75% donc un taux d'humidité respectivement de 55% et 25% .

III-3- La température :

Dias Da Silva (1987) a remarqué, pour une paille traitée à 5,6 g d'urée pour 100g de paille et 40% d'humidité, la température la plus favorable se situerait plus aux environs de 25°C qu'à ceux de 40°C. Alibes et al. (1987) situent la température optimale à 30°C. Selon les mêmes auteurs, l'intensité de l'uréolyse est considérablement réduite quand la température est inférieure à 20°C.

Au vu de ces résultats, une température comprise entre 25 et 40°C est nécessaire pour obtenir une dégradation enzymatique suffisante de l'urée. Dans une étude de Williams et al. (1984), des traitements à 5,5°C et 18°C se sont cependant avérés intéressants. Ceci fait penser à une adaptation probable de l'uréase aux températures qui caractérisent la région de culture de la céréale considérée.

III-4- Durée de traitement :

Selon Pare (1989), l'activité uréasique semble ne pas vraiment conditionner un taux de dégradation conséquent de l'urée. Celui-ci est à l'avantage d'une paille ou d'une autre suivant la durée du traitement.

La littérature rapporte des durées très variables allant de 15 à plus de 75 jours. La durée de traitement de la paille à l'urée dépend en fait de la quantité d'ammoniac produite nécessaire à un traitement classique à cet alcali. Selon Lawrence et al. (1990), la production de 3g d'HN_3 pour 100g de paille est suffisante. Ils ont obtenu une dégradation de prés 89% de l'urée appliquée, en seulement 9 jours d'incubation à des températures variant de 28 à 42°C et un taux d'humidité de 33% ; ceci a généré 3,04g d'NH_3 pour 100g de paille. Pour les mêmes conditions de traitement, les mêmes auteurs proposent toutefois une durée d'incubation de 15 jours. Abdouli et Khorchani (1988), en Tunisie, avaient observé une dégradation totale de l'urée après un traitement en meule de 60 jours.

III-5- Apport d'additifs :

Différents types d'additifs sont utilisés dans le traitement de la paille à l'urée. Ils constituent deux groupes principaux :

- Les additifs uréasiques : farines crues de certaines légumineuses (soja, lupin) sont riches en uréase qui, s'ajoutant à celle apportée par la paille, accélère l'uréolyse et l'intensifie.

- Les additifs activateurs de la microflore uréolytique : un apport de mélasse (source d'énergie) et de minéraux sont favorables à la prolifération des microorganismes uréolytiques présents dans la paille.

- L'apport d'additifs, en intensifiant l'uréolyse, permet d'éviter les trop fortes doses d'urée résiduelle et assure un important gain de temps.

IV- Variation du pouvoir uréolytique des pailles de céréales :

Quand les conditions d'une bonne uréolyse sont réunies, la quantité d'urée hydrolysée demeure encore inconstante. Elle varie sous l'effet de différents facteurs dont principalement :

IV-1- L'espèce et la variété :

Il existe une différence entre espèce et entre variété et celle-ci serait due à une différence entre les teneurs de leurs pailles en uréase (Bentaleb, 1990).
Williams et al. (1984) rapportent en effet que l'uréase de la paille, avec ses différentes origines, n'est pas également répartie chez toutes les espèces.

IV-2- Origine de la paille :

Le taux de dégradation de l'urée par les pailles d'une même céréale, dans des conditions de traitement identiques, peut varier d'un auteur à un autre. Ainsi, Cordesse (1987) avec une paille de riz a enregistré un taux d'uréolyse de 85% dés 7 jours d'incubation tandis que Pare (1989) n'a atteint que 76% après 12 jours d'incubation.

IV-3- L'aptitude de la paille à moduler les conditions chimiques d'uréolyse :

Sahnoune (1987) a montré que la paille a un effet positif sur la réaction d'hydrolyse de l'urée par la fixation du produit inhibiteur (NH_3). Elle aurait aussi un effet tampon qui atténue les variations du pH ; celui-ci est maintenu à un niveau favorable. Ce comportement de la paille pourrait dépendre de l'origine de celle-ci, de l'année de culture, de l'espèce et la variété auxquelles elle appartient.

V-Recommandations pour une meilleure utilisation de l'urée :

L'incorporation de l'urée dans l'alimentation doit être contrôlée et obéit à certaines règles pour une meilleure valorisation par les ruminants.

L'apport d'urée ne doit pas dépasser 25g / 100 kg de poids vif par jour pour les vaches laitières et 30g pour les bovins et ovins de boucherie (Tisserand, 1979).

La consommation de l'urée doit être limitée afin d'être bien utilisée et pour éviter certains phénomènes de toxicité. Sa répartition dans le fourrage mérite d'être homogène et les apports prévus doivent être respectés (Teller, 1986).

La distribution initiale d'azote non protéique impose un remaniement profond de la flore surtout pour les bactéries amylolytiques et cellulolytiques qui augmentent. Par contre, le nombre d'agents protéolytiques diminue (Fromageot, 1973 ; cité par Mehanni, 1981).

Pour prévenir tout accident lié à l'utilisation de l'urée, une adaptation lente et prudente (Dayne, 1983) ainsi que l'ingestion simultanée d'aliments énergétiques facilement fermentescible (mélasse, amidon, lactosérum) sont nécessaires (Houmani, 1985).

Selon Tisserand (1979) cité par Mehanni, (1981), la synthèse microbienne s'effectue régulièrement tout au long de la digestion des repas.

L'estimation de la quantité optimale d'urée à distribuer à l'animal est difficile, en raison des nombreux facteurs influençant son utilisation (nature de source énergétique, forme d'utilisation de l'urée).

Quand le taux d'ammoniac dépasse 0,4 à 0,5 mg /100 ml dans le sang, à la suite de l'ingestion d'une très grande quantité d'urée, des troubles graves apparaissent quelques minutes après l'ingestion : l'animal est saisi de troubles nerveux, incoordination des mouvements, météorisation, accélération des rythmes cardiaques et respiratoires et la mort peut survenir en moins d'une heure, à cause du passage rapide , de l'urée consommée , du rumen vers le sang et de la saturation du cycle hépatique de synthèse de l'urée (Silmi, 1988).

La quantité optimale d'urée à distribuer est difficile à estimer .Mais elle est définie comme une quantité d'urée qui peut être transformée en protéine microbienne laquelle est fonction de la quantité d'énergie ingérée. Il est recommandé que l'azote uréique ne dépasse pas 30% de l'azote totale de la ration. A dose élevée l'urée est donc toxique, les doses de 30g / kg de poids vif administrés dans l'eau de boisson, en une seule fois, peuvent provoquer la mort de l'animal. Les risques de toxicité sont d'autant plus élevés que les animaux sont à jeun ou ingérant peu ou pas de glucides digestibles.

VI- Dégradation des constituants azotés dans le rumen :
VI-1- L'urée.

L'urée, produite dans le foie à partir de l'ammoniac formé dans le rumen, est recyclée par la salive ou à travers la paroi du rumen. De l'urée peut également être ajoutée à la ration car elle constitue un complément azoté peu coûteux et donnant facilement de l'ammoniac. Le recyclage d'urée est essentiel au bon fonctionnement du rumen dans le cas de ration carencée en azote. Des uréases d'origine microbienne l'hydrolysent très rapidement en carbamate d'ammonium qui se transforme par réaction spontanée en ammoniac et en dihydrogénocarbonate. Les enzymes impliquées proviennent principalement des bactéries anaérobies facultatives fixées sur l'épithélium du rumen. L'activité uréasique dans le contenu de rumen serait due à la présence de fragments d'épithélium desquamé encore colonisés par ces populations bactériennes. L'ammoniac produit à partir de l'hydrolyse rapide de l'urée dépasse momentanément les capacités d'absorption des micro-organismes et est en partie perdus dans l'urine (Jouany et al., 1995).

VI-2- Les nitrates :

Les nitrates sont réduits en nitrites puis en ammoniac, lorsqu'ils sont abondants dans la ration, les nitrites peuvent s'accumuler dans le contenu de rumen, passer dans le sang et atteindre des concentrations toxiques pour le ruminant.

VI-3- La synthèse des constituants azotés microbiens :

En dégradant les éléments organiques de la ration, les bactéries, les protozoaires et les champignons du rumen laissent comme déchets les acides gras volatils qui sont utilisés par l'animal et, surtout, ils obtiennent l'énergie et les substrats qui sont nécessaires à leur fonctionnement et à leur prolifération (Verite et Peyraud, 1987).

Seule une petite fraction des acides aminés issus de la protéolyse est directement incorporée dans les protéines microbiennes (cas des protozoaires). La plus grande partie des acides aminés bactériens est synthétisée à partir de l'ammoniac et de chaines carbonées. (Jouany, 1994). Pour réaliser cette synthèse de protéines, les bactéries, qui sont l'élément le plus actif, captent des acides aminés et surtout de l'ammoniac, ce dernier est même indispensable aux bactéries cellulolytiques et 50% à 80% des protéines bactériennes viendraient de l'ammoniac (Verite et Peyraud, 1987).

La croissance des bactéries cellulolytiques dépend donc de l'activité des espèces protéolytiques pour la couverture de leurs besoins en ammoniac et en chaînes carbonées.
A l'opposé, les protozoaires doivent digérer des protéines (chloroplastes, bactéries) pour former leurs propres protéines et ils ne peuvent pas tirer profit de l'ammoniac. La substance microbienne est constituée pour moitié environ de matières azotées dont 80% sont sous forme de protéines.

La plupart des bactéries du rumen, principalement les bactéries cellulolytiques sont capables d'utiliser l'azote ammoniacal en présence d'ATP pour synthétiser des protéines via deux processus : l'un requiert l'emploi de la glutamine synthétase-glutamate synthase (faible concentration d'ammoniac et quantité importante d'ATP).

L'autre utilise les glutamates déshydrogénases est intervient lorsque la concentration d'azote ammoniacal est élevée (Jouany, 1994 ; Jouany et al. , 1995). Si la concentration d'azote ammoniacal n'est pas limitante, la synthèse des protéines microbiennes est directement liée à la quantité d'énergie disponible sous forme d'ATP (Jouany,1994).

L'efficacité de la synthèse des protéines microbiennes est mesurée par la quantité de la matière sèche microbienne produite par mole d'ATP. Comme celle de l'hôte, l'efficacité de l'utilisation de l'énergie par les microbes dépend de leurs besoins d'entretien et des apports d'énergie. Les bactéries anaérobies strictes, comparées aux anaérobies facultatives, ont tendance à avoir des besoins d'entretien plus faibles et de l'efficacité d'utilisation de L' ATP plus élevées pour la croissance. Bien que, des variations importante aient peut être mises en évidence, on considère que la quantité de la matière sèche microbienne produite par mole d'ATP est proche de 20g de matière sèche des cellules par mole d'ATP. L'efficacité est améliorée par l'augmentation du taux de dilution du rumen (Jouany, 1994). Exprimée par Kg de matière organique fermentée dans le rumen (MOF), le rendement de la synthèse microbienne varie de 20 à 45g d'azote microbien : la valeur de 30g par Kg (MOF) est le plus fréquemment rencontrée (Jouany, 1994).

VI-4- Azote :

L'ammoniac est un précurseur important de la protéosynthèse microbienne pour Harrison et Mc allan (1980), une des principales enzymes impliquées dans l'incorporation de NH_3 est la glutamine synthétase.

Il est reconnu, actuellement, que les bactéries peuvent utiliser directement des acides aminés préformés, il n'en reste pas moins qu'en l'absence de protéines dégradables, la protéosynthèse microbienne est considérablement réduite par un appauvrissement du milieu en NH_3. L'ammoniac est de plus indispensable à la croissance de certaines bactéries cellulolytiques. Une teneur en NH_3 trop faible du milieu peut aussi conduire à un « découplage » des fermentations (production d'acides sans croissance bactérienne), on assiste alors à une production d'acides gras volatils normale avec une synthèse de protéine microbienne très réduite, ce qui abaisse considérablement l'efficacité de la protéosynthèse.

Conclusion :

Les pailles de céréales renferment de l'uréase de différentes origines qui lui confère un pouvoir uréolytique. La quantité d'ammoniac générée n'est cependant suffisante, pour un traitement à ce gaz, que dans des conditions précises d'incubation. Ce sont la dose d'urée appliquée, le taux d'humidité, la température. Toutefois, l'aptitude naturelle des pailles à dégrader l'urée est variable et peut être insuffisante. Elle dépend de facteurs intrinsèques (l'espèce, la variété) et extrinsèques (le milieu dont elles sont issues). Certaines pailles ne pourraient ainsi dégrader la quantité d'urée nécessaire à leur traitement sans additifs.

Chapitre II
Utilisation rationnelle des pailles de céréales dans l'alimentation des ruminants en Algérie

Chapitre II
Utilisation rationnelle des pailles de céréales
dans l'alimentation des ruminants en Algérie

I- Evolution des ressources fourragères et des besoins alimentaires du cheptel :
I-1- Aperçu sur l'élevage des ruminants :

Suite à l'accroissement démographique et à la sédentarisation d'une partie croissante de la population, on assiste à une extension rapide de l'agriculture en sec (céréale, arboriculture) au détriment des zones pastorales qui ont diminué de superficie et surtout de productivité.

L'accroissement de la population animale s'est traduit par un surpâturage et une dégradation des parcours qui a atteint des seuils d'irréversibilité dans plusieurs endroits.

Ces phénomènes concernent essentiellement les régions du centre et du sud du pays dont l'économie est basée sur l'élevage extensif des ovins et des caprins, ainsi que sur la culture sporadique des céréales et de l'arboriculture en sec.

Le problème majeur auquel fait face l'élevage dans ces zones est la rareté et l'irrégularité des disponibilités fourragères. Jadis les effectifs animaux variaient largement selon la pluviométrie et donc selon la végétation spontanée des parcours. Ce modèle dynamique a été progressivement perturbé par la pratique généralisée d'alimentation d'appoint à base de concentrés initialement subventionnés et surtout importés. A peine pratiqué par les éleveurs dans les années 70, la complémentation est une pratique courante aujourd'hui où elle représente environ 30% de la ration des ruminants. Dans les années de sécheresse, elle atteint jusqu'à 70% de la ration.

Selon Nedjraoui (2001), l'élevage, en Algérie, concerne principalement les ovins, les caprins, les bovins et les camelins où les régions steppiques et présahariennes détiennent 80% de l'effectif total constitué essentiellement par le cheptel ovin.

Le tableau 1 résume les principales caractéristiques du secteur.

Tableau 1 : Estimation du cheptel ovin, caprin et bovin algériens de 2000 à 2013 (MADR, 2013).

Année	Effectif bovin			Effectif ovin			Effectif caprin		
	Vaches	Jeunes < 2ans	Autres bovins	Brebis	Béliers	Jeunes < 2ans	Chèvres	Boucs	Jeunes < 2ans
2000	997 060	252110	9 446 320	9 446 320	679 930	7 489 680	1 704 950	208 350	1 113 430
2001	1 007 230	252520	9 642 080	9 642 080	657 830	6 998 880	1 790 380	217 230	1 121 790
2002	892 960	258550	9 764 660	9 764 660	653 980	7 169 100	1 884 890	215 760	1179890
2003	833 224	234706	9 860 400	9 860 400	677 170	6 965 220	1 904 120	206 820	1213800
2004	844 500	253570	10 184 770	10 184 770	685 630	7 422 900	1 940 180	245 590	1 264 810
2005	828 830	247830	10 396 250	10 396 250	688 730	7 824 130	2 027 100	288 270	1 274 510
2006	847 640	249690	10 696 580	10 696 580	664 200	8 254 950	2 151 340	281 970	1 321 280
2007	859 970	253820	10 899 540	10 899 540	795 300	8 460 050	2 200 645	284 580	1 352 635
2008	853 523	260355	10 924 626	10 924 626	825 258	8 196 266	2 159 576	238 248	1 353 536
2009	882 282	266835	11 852 024	11 852 024	866 328	8 686 232	2 298 611	252 049	1 411 460
2010	915 400	274586	13 086 963	13 086 963	909 548	8 872 259	2 492 855	260 390	1 534 055
2011	940 690	283774	13 848 690	13 848 690	933 260	9 207 380	2 578 950	266 518	1 565 552
2012	966 097	284103	14 620 905	14 620 905	907 252	9 665 948	2 658 890	280 708	1 654 927
2013	1 008 575	294232	15 297 185	15 297 185	949 903	10 325 892	2 894 480	300 743	1 715 477

I-1-1- Principales caractéristiques des systèmes d'élevages :

Beaucoup d'élevages sont basés sur les terres marginales et conduits en extensifs et donc de productivité faible. Les éleveurs utilisent des races, certes rustiques et bien adaptées du moins pour les ovins et les caprins, mais qui ont un potentiel génétique limité. Ces systèmes ont dès lors une efficience économique réduite mais une bonne efficacité écologique (et c'est pour cette raison qu'ils ont survécu depuis des millénaires).

Le cheptel est confronté à deux contraintes alimentaires majeures, l'une durant l'hiver pendant 2 à 4 mois, l'autre en été, 3 à 6 mois quand la végétation se dessèche suite aux températures élevées et à la faible humidité.

L'emploi abusif de concentré, initialement établi par des pratiques de subventions, a augmenté le coût de production et en même temps la fragilité des systèmes de production.

La situation extrême, mais réelle, est l'arrêt de la pratique de l'élevage et le déplacement des ruraux vers d'autres activités économiques, essentiellement dans les centres urbains, avec pour conséquences une « dépopulation progressive » du milieu rural.

L'intégration élevage/culture n'a pas réellement réussi, aussi bien à l'échelle régional ou national qu'à l'échelle de l'exploitation.

A l'échelle « macro », les emblavures des cultures fourragères en sec sont restées pratiquement constantes (en perpétuelle régression).

Au niveau des exploitations privées, où l'eau existe, l'agriculteur préfère le maraîchage ou l'arboriculture, nettement plus rémunérateurs au profit des cultures fourragères en irrigué. A l'échelle de l'exploitation, les producteurs de céréales et de fourrages ne sont que rarement des éleveurs.

L'essentiel du cheptel est détenu par de petits exploitants qui disposent de très peu de superficie destinée aux fourrages et préfèrent la culture de l'orge qui produit de la paille, des chaumes et du grain destinés à l'alimentation du troupeau.

I-1-2-Besoins alimentaires du cheptel :

Le tableau 2 donne les résultats des besoins du cheptel national en UF convertis à partir des coefficients de Moskal (1983).

Tableau 02 : Estimation des besoins du cheptel national en UF de 2000 à 2013 (MADR, 2013).

Année	Bovins	Ovins	Caprins	Total
2000	4 581 613 200	4 631 105 700	575 058 000	9 787 776 900
2001	4 638 952 800	4 579 472 700	596 383 500	9 814 809 000
2002	4 477 363 200	4 650 722 400	624 592 800	9 752 678 400
2003	4 613 847 000	4 644 282 300	631 572 000	9 889 701 300
2004	4 755 927 600	4 840 497 900	656 100 900	10 252 526 400
2005	4 678 891 200	4 989 223 200	686 052 300	10 354 166 700
2006	4 741 831 200	5 161 699 500	717 646 200	10 621 176 900
2007	4 818 968 400	5 308 921 500	733 329 900	10 861 219 800
2008	4 832 884 440	5 270 938 800	713 720 880	10 817 544 120
2009	4 950 983 520	5 665 604 160	754 919 070	11 371 506 750
2010	5 150 399 280	6 089 414 130	816 101 400	12 055 914 810
2011	5 266 913 520	6 396 132 600	840 376 620	12 503 422 740
2012	5 447 890 200	6 715 513 740	873 975 870	13 037 379 810
2013	5 635 533 960	7 071 060 810	937 340 670	13 643 935 440

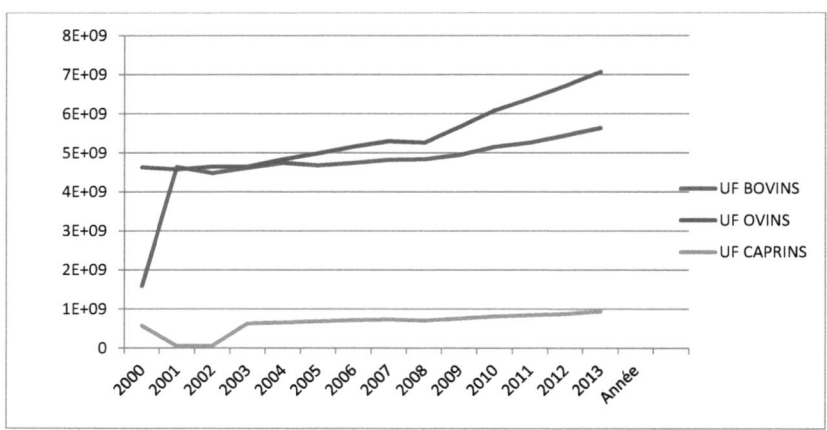

**Figure1 : Estimation des besoins du cheptel national en UF de 2000 à 2013.
(MADR, 2013).**

Les besoins du cheptel national durant la période allant de 2000 à 2013 sont en nette progressions puisqu'ils passent de 9,8 Milliards d'UF en 2000 à 13.6 Milliards d'UF en 2013. Le taux de croissance moyen enregistré est 200,7 %. Ce dédoublement des besoins est en adéquation avec la croissance de l'effectif sur la même période (fig. 1).

I-2- Les ressources alimentaires en Algérie :
I-2-1- Contribution des différentes ressources fourragères :

On compte trois principaux systèmes fourragers en Algérie : les parcours, les prairies et les fourrages cultivés (Abdelguerfi, 1989).

Tableau 3 : Evolution des superficies (ha) de 2000 à 2013, destinées à l'alimentation du cheptel. (MADR, 2013).

Année	Fourrages Cultivés	Jachères pâturées	Jachères fauchées	Pacages sur Parcours	Prairies naturelles	Total
2000	458 050	2 650 940	92 620	31 794 320	35 230	35 031 160
2001	331 270	3 916 540	111 790	31 914 760	30 900	36 305 260
2002	300 280	3 916 540	77 390	31 624 770	23 640	35 942 620
2003	272 790	3 063 700	273 070	31 635 240	25 950	35 270 750
2004	461 589	2 711 850	150 200	32 824 410	25 434	36 173 483
2005	484 152	2 442 120	118 667	32 821 550	26 070	35 892 559
2006	611 817	2 554 603	140 177	32 776 670	25 548	36 108 815
2007	493 793	2 385 851	202 299	32 837 225	25 462	35 944 630
2008	588 890	2 376 557	147 430	32 884 875	24 297	36 022 049
2009	416 297	2 300 125	244 733	32 955 880	24 550	35 941 585
2010	669 490	2 200 563	199 412	32 938 300	24 750	36 032 515
2011	544 172	2 201 853	217 034	32 942 086	24 820	35 929 965
2012	641 713	2 431 068	250 510	32 943 690	24 335	36 291 316
2013	693 989	2 433 265	183 447	32 969 435	26 626	36 306 762

L'essentiel des superficies destinées à l'affouragement du cheptel est représenté par les pacages sur parcours avec un taux de 90.80 % en moyenne, jachères pâturées d'un taux de 6.70% et fourrages cultivés de 1.91% et 0.50% pour les jachères fauchées, et enfin un taux de 0.07% pour les prairies naturelles.

I-3-Déficit alimentaire :

Le tableau suivant montre que l'analyse de la balance fourragère pour les quatorze années d'étude a permis de mettre en exergue la persistance d'un déficit fourrager estimé à 51%, mais cette moyenne recèle des disparités importantes. En effet, l'analyse selon les diverses zones agro-écologiques montre que les déficits sont beaucoup plus prononcés dans les zones littorales, steppiques et sahariennes pour des taux respectifs de 58%, 32% et 29%. Ce déficit fourrager a des répercussions négatives sur la productivité des animaux et se traduit par un recours massif aux importations de produits animaux à l'instar des produits laitiers et carnés.

Toutefois, les systèmes d'élevage sont mixtes et la part de la production annuelle de chaque type de produit (lait, viande) dépend de la pluviométrie qui conditionne les disponibilités fourragères mais aussi leur qualité (Madani et al, 2004), ce qui exige la recherche des solutions pour corriger ce déficit. Parmi ces solutions adoptées par l'Algérie : l'importation de concentré et des aliments et la valorisation des sous-produits agro-industriels.

Le bilan fourrager national de la période de 2000 à 2013 est représenté sur le tableau 4 et la figure 2.

Tableau 4 : Bilan fourrager national durant la période 2000 à 2013. (MADR, 2013).

Année	Effectifs (UGB)	Besoin du cheptel (UF)	Offre fourragère (UF)	Déficit (UF)	Couverture (%)	Déficit (%)
2000	3 262 592	9796596900	5 056 771 000	-4 739 825 900	51,62	48,38
2001	3 271 603	9814809000	5 327 322 000	-4 487 487 000	54,28	45,72
2002	3 250 893	9752679000	5 201 922 500	-4 550 756 500	53,34	46,66
2003	3 296 567	9889701300	5 919 033 000	-3 970 668 300	59,85	40,15
2004	3 417 509	10252527000	5 387 524 150	-4 865 002 850	52,55	47,45
2005	3 451 389	10246167000	5 319 151 650	-4 927 015 350	51,91	48,09
2006	3 540 392	10621176000	5 552 480 150	-5 068 695 850	52,28	47,72
2007	3 620 407	10861221000	5 333 134 650	-5 528 086 350	49,10	50,90
2008	3 605 848	10817544000	5 453 815 300	-5 363 728 700	50,42	49,58
2009	3 790 502	11371506000	5 195 563 700	-6 175 942 300	45,69	54,31
2010	4 018 638	12055914000	5 498 725 950	-6 557 188 050	45,61	54,39
2011	4 167 808	12503424000	5 305 156 700	-7 198 267 300	42,43	57,57
2012	4 345 793	13037379000	5 529 636 300	-7 507 742 700	42,41	57,59
2013	4 547 978	13643934000	5 567 747 500	-8 076 186 500	40,81	59,19

Le déficit alimentaire est très important (8 milliards d'UF en 2013) et varie d'une année à une autre, impliquant des répercussions directes sur les niveaux de production de l'élevage exprimés par des conséquences économiques importantes. Puisque la nature des ressources fourragères est dominée par les pacages et les parcours, qui se dégradent sous l'effet de plusieurs facteurs anthropiques et naturels, on constate que l'alimentation du cheptel en Algérie reste sous l'emprise des aléas climatiques et pose de sérieux problèmes notamment pendant les saisons automnales et hivernales.

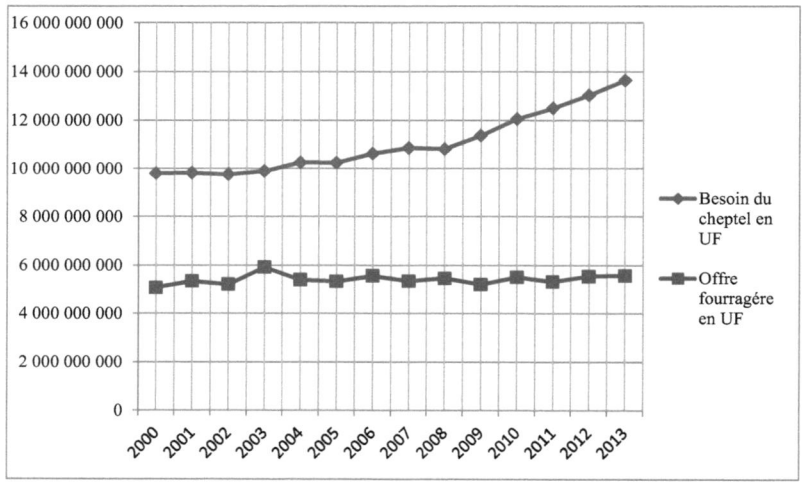

Figure 02: Estimation des besoins du cheptel et de l'offre fourragère en UF durant la Période allant de 2000 à 2013 (MADR, 2013).

Les ressources fourragères n'arrivent donc pas à satisfaire l'ensemble des besoins nutritifs de base pour le cheptel, ce qui engendre un déficit alimentaire chronique (figure 2) qui est lié à la faible surface destinée aux cultures fourragères, au manque de semence et à la dégradation de la steppe et tous cela est aggravée par la sécheresse qui touche le pays depuis quelques années.

Pour pallier au déficit alimentaire et préserver le cheptel en périodes de crise, le recours à l'utilisation des concentrés importés et des sous produits locaux devient une obligation.

Le déficit en UF est représenté par la figure ci-dessous :

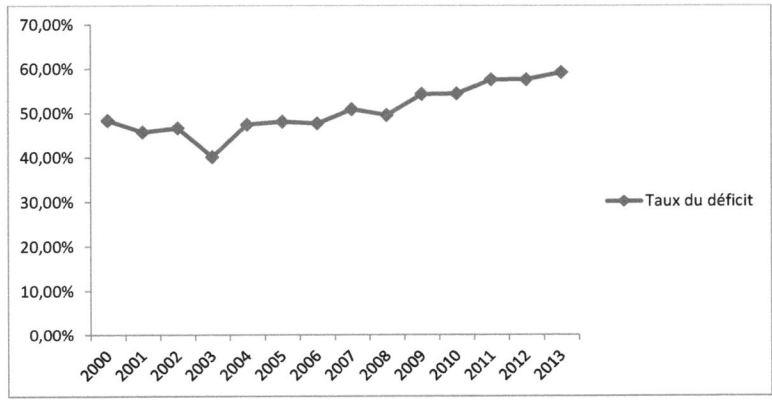

Figure 03: Déficit national en UF durant la période allant de 2000 à 2013 (MADR, 2013).

II- Utilisation des pailles dans l'alimentation des ruminants :
II-1- Aperçu sur la production des céréales en Algérie :

La production de paille en Algérie est favorisée par les habitudes alimentaires basées essentiellement sur la consommation de produits dérivés de céréales. Celles-ci sont de fait cultivées partout où leur production est possible. Elles sont plus présentes dans les Wilayas sub-littorales et les hauts plateaux.

Mise à part les énormes fluctuations annuelles, les productions céréalières en Algérie sont caractérisées par une supériorité significative des quantités produites de blés dur et tendre comparativement à l'orge et à l'avoine. Cette supériorité est observée quelle que soit la compagne céréalière.

La raison principale de ce déséquilibre s'explique par l'importance des superficies réservées à la culture du blé dur et tendre par rapport aux autres espèces.

La moyenne calculée de production totale de céréales sur 12 ans (2000 – 2012) s'élève à environ 13,5 millions de quintaux, avec une variation considérable d'une année à une autre. Ainsi, le minimum au cours de la même période a été de 2,8 millions de quintaux et le maximum 25 millions de quintaux environ.

Partie bibliographique   *Chapitre II : Utilisation rationnelle des pailles de céréales dans l'alimentation des ruminants en Algérie.*

II-2- Estimation des quantités produites de pailles :

En admettant un ratio grains / paille d'environ 0,85 (Bouguettaya, 1999), or le rapport paille/grain varie selon les années et les rendements. Il est fort quand l'année est sèche et que les rendements sont faibles. La production moyenne de paille, toutes espèces confondues, est calculée à partir des estimations des quantités de grains de céréales de la période allant de 1997 à 2006

Tableau 5 : Quantités de grains de céréales (Qx) produites en Algérie de la période allant de 1997 à 2006 (MADR, 2007).

Année	Blé dur	Blé tendre	Orge	Avoine	Total
1997	4 554 640	2 060 500	1 908 920	168 150	869 2210
1998	15 000 000	7 800 000	7 000 000	450 000	30 250 000
1999	9 000 000	5 700 000	5 100 000	400 000	20 200 000
2000	4 863 340	2 740 270	1 632 870	81 700	9 318 180
2001	12 388 650	800 3480	5 746 540	436 610	26 575 280
2002	9 509 670	550 8360	4 161 120	334 950	19 514 100
2003	18 022 930	11 625 590	12 219 760	775 460	42 643 740
2004	20 017 000	7 290 000	12 116 000	890 000	40 313 000
2005	15 687 090	8 460 185	10 328 190	775 000	35 250 465
2006	17 728 000	9 151 300	12 358 800	890 000	40 128 100

Les résultats de l'évaluation de la production de paille, par l'utilisation du coefficient reliant la quantité de paille à celle du grain, rapport moyen (0.85) sont reportés sur le tableau suivant :

Tableau 6 : Disponibilité potentielle des pailles de céréales (Qx) en Algérie de la période allant de 1997 à 2006 (MADR, 2013).

Année	Paille de blé dur	Paille de blé tendre	Paille d'orge	Paille d'avoine	Total
1997	3 871 444	1 751 425	1 622 582	142 927,5	7 388 378,5
1998	12 750 000	6 630 000	5 950 000	382 500	25 712 500
1999	7 650 000	4 845 000	4 335 000	340 000	17 170 000
2000	4 133 839	2 329 229,5	1 387 939,5	69 445	7 920 453
2001	10 530 352,5	6 802 958	4 884 559	371 118,5	22 588 988
2002	8 083 219,5	4 682 106	3 536 952	284 707,5	16 586 985
2003	15 319 490,5	9 881 751,5	10 386 796	659 141	36 247 179
2004	17 014 450	6 196 500	10 298 600	756 500	34 266 050
2005	13 334 026,5	7 191 157,25	8 778 961,5	658 750	29 962 895,3
2006	15 068 800	7 778 605	10 504 980	756 500	34 108 885

Cependant, beaucoup d'incertitudes concernant la production de paille en Algérie persistent, ceci est principalement dû à l'absence des données précises sur ce produit.

La moyenne de production pour la période allant de 1997 à 2006 s'élève à 23 millions de quintaux avec des productions annuelles irrégulières et variant de 07 millions de quintaux pour les années 1997, 2003 à 36 millions de quintaux enregistrées en 2003 (Tableau 6).

III- Les apports alimentaires de la paille :

III-1- Justification de l'utilisation des pailles dans l'alimentation des ruminants :

Le recours à l'utilisation des pailles de céréales dans l'alimentation des ruminants se justifie en Algérie surtout par une production appréciable de celle-ci, la fréquence des sécheresses, peu cher, la possibilité d'améliorer leur valeur alimentaire par différents traitements et un système fourrager non adapté aux besoins de l'effectif actuel des animaux.

III-2- Détermination des apports :

III-2-1- Estimation des superficies destinées à la céréaliculture :

Sachant que la production de la paille est tributaire de la production céréalière par conséquent des superficies destinées à ce mode de culture.

De part les statistiques du ministère de l'agriculture pour la période allant de 1997 à 2006, on constate que les superficies réservées à la céréaliculture sont variables d'une année à une autre et varient, selon le tableau 8, entre 1 million et 3,5 millions d'ha respectivement en 2000 et 1998.

Tableau 7 : Superficies destinées à la céréaliculture (ha) de la période allant de 1997 à 2006 (MADR, 2007).

Année	Blé dur	Blé tendre	Orge	Avoine	Total
1997	590 920	234 320	264 840	25 210	1 115 290
1998	1 707 240	869 910	939 210	58 640	3 575 000
1999	889 090	483 310	468 960	46 990	1 888 350
2000	544 470	282 100	215 630	14 660	1 056 860
2001	1 112 180	724 230	515 690	49 700	2 401 800
2002	813 890	584 570	401 400	44 600	1 844 460
2003	1 265 370	782 200	782 380	70 870	2 900 820
2004	1 307 590	703 010	915 440	73 960	3 000 000
2005	1 042 894	560 850	684 648	6 1227	2 349 619
2006	1 162 880	1 162 880	1 162 880	1 162 880	2 671 140

III-2-2- Estimation des apports :

Selon ITEBO (1985) et ITELV (1997), la détermination des apports en unités fourragères des pailles est réalisée comme suit :

$$\text{Apports} = \text{Nombre d'ha} \times 540 \text{ UF}$$

Les disponibilités en UF apportée par les pailles de céréales, en Algérie sont rapportées dans le tableau 8.

Tableau 8 : Evaluation des disponibilités en UF des pailles de la période allant de 1997 à 2006 (MADR, 2007).

Année	paille de blé dur	paille de blé tendre	paille d'orge	paille d'avoine	Total
1997	319 096 800	126 532 800	143 013 600	13 613 400	602 256 600
1998	921 909 600	469 751 400	507 173 400	31 665 600	1 930 500 000
1999	480 108 600	260 987 400	253 238 400	25 374 600	1 019 709 000
2000	294 013 800	152 334 000	116 440 200	7 916 400	570 704 400
2001	600 577 200	391 084 200	278 472 600	26 838 000	1 296 972 000
2002	439 500 600	315 667 800	216 756 000	24 084 000	996 008 400
2003	683 299 800	422 388 000	422 485 200	38 269 800	1 566 442 800
2004	706 098 600	379 625 400	494 337 600	39 938 400	1 620 000 000
2005	563 162 760	302 859 000	369 709 920	33 062 580	1 268 794 260
2006	627 955 200	627 955 200	627 955 200	627 955 200	2 511 820 800

L'exploitation des données relatives aux disponibilités d'UF des pailles durant la période allant de 1997 à 2006, met en évidence :

> ➤ L'irrégularité des disponibilités d'une année à une autre et variant entre 570 millions d'UF pour l'année 2000 et 2511 millions d'UF pour l'année 2006.
>
> ➤ La proportionnalité entre les superficies destinées à la céréaliculture et les disponibilités en UF des pailles.

III-2-3- Place de la paille dans le bilan fourrager :

Dans le but, de faire ressortir l'importance des pailles de céréales dans l'alimentation des ruminants un bilan fourrager national a été établi sur une période de dix ans, il est reporté sur le tableau suivant :

Année	UGB total	Besoin du cheptel (UF)	Disponibilités totales (UF)			Déficit (UF)	Taux de couverture
			Fourrages	Pailles	Total		
1997	2 796 627	8 389 881 000	4 372 747 700	602 256 600	4 975 004 300	-3 414 876 700	59,30
1998	2 886 924	8 660 772 000	4 951 021 150	1 930 500 000	6 881 521 150	-1 779 250 850	79,46
1999	3 203 035	9 609 105 000	5 016 126 000	1 019 709 000	6 035 835 000	-3 573 270 000	62,81
2000	3 183 549	9 550 647 000	5 056 771 000	570 704 400	5 627 475 400	-3 923 171 600	58,92
2001	3 186 957	9 560 871 000	5 327 322 000	1 296 972 000	6 624 294 000	-2 936 577 000	69,29
2002	3 132 025	9 396 075 000	5 046 768 500	996 008 400	6 042 776 900	-3 353 298 100	64,31
2003	3 079 923	9 239 769 000	4 952 365 500	1 566 442 800	6 518 808 300	-2 720 960 700	70,55
2004	3 197 379	9 592 137 000	5 293 118 650	1 620 000 000	6 913 118 650	-2 679 018 350	72,07
2005	3 231 662	9 694 986 000	5 358 520 700	1 268 794 260	6 627 314 960	-3 067 671 040	68,36
2006	3 321 263	9 963 789 000	5 493 416 950	2 511 820 800	8 005 237 750	-1 958 551 250	34

Tableau 9: Bilan fourrager de la période allant de 1997 à 2006 (MADR, 2007).

La comparaison entre le taux de couverture et le déficit alimentaire en UF entre le bilan fourrager sans paille et le bilan fourrager avec paille se présente comme suit (tableau 10) :

Tableau 10 : Bilans fourragers et taux de couverture des pailles (MADR, 2007).

Année	Déficit en milliard d'UF		Taux de couverture	
	Sans paille	Avec paille	Sans paille	Avec paille
1997	- 4,01	- 3,41	52,12	59,30
1998	- 3,70	- 1,77	57,17	79,46
1999	- 4,59	- 3,57	52,20	62,81
2000	- 4,49	- 3,92	52,95	58,92
2001	- 4,23	- 2,93	55,72	69,29
2002	- 4,34	- 3,35	53,71	64,31
2003	- 4,28	- 2,72	53,60	70,55
2004	- 4,29	- 2,67	55,18	72,07
2005	- 4,33	- 3,06	55,27	68,36
2006	- 4,47	- 1,95	55,13	80,34

On conclut de par les données précédentes que les pailles permettent:

➢ Une diminution du déficit alimentaire en UF d'une valeur moyenne de 1,34 milliard d'UF.
➢ Ainsi que l'augmentation du taux de couverture des besoins alimentaires d'une valeur moyenne de 14,24%.

D'après ces résultats, on peut dire que la paille est une ressource clé des systèmes alimentaires des ruminants. Elle se stocke, s'achète sur le marché et joue le rôle d'aliment de secours en voyageant des régions agricoles vers les régions pastorales.

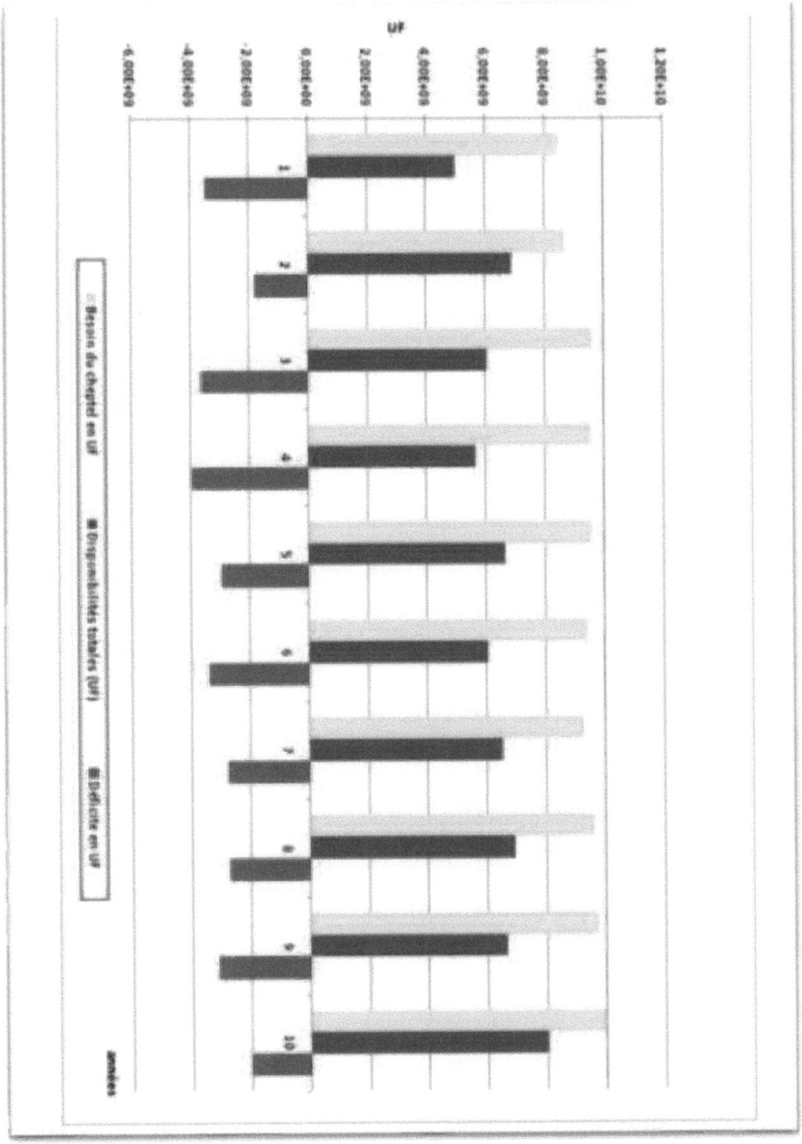

Figure 4 : Bilan fourrager avec paille de la période allant de 1997 à 2006 (MADR, 2007)

III-3- Contribution alimentaire de la paille :

Les pailles sont, de loin, le plus important sous-produit agricoles avec 2 à 3 milliards de tonnes annuellement (Chenost, 1987), et bien qu'elles aient une faible valeur alimentaire, une grande partie est utilisée pour l'alimentation des animaux soit environ 280 millions de tonnes selon Chenost (1987). Malheureusement, la paille disponible à volonté ne couvre que de la moitié au deux tiers des besoins énergétiques d'entretien des animaux qui la consomment (Jarrige, 1987).

III-3-1- Composition chimique :

Les résultats de la composition chimique présentés dans le tableau 11, ont été obtenus à partir d'analyses d'échantillons de paille de blé et d'orge de plusieurs origines.

Tableau 11: Composition chimique des pailles: les constituants pariétaux (% MS).

Espèces	NDF	ADF	Cel	Hem	Lig	Auteurs
Blé	80.0	49.0	39.0	31.0	10.0	Jackson, 1977.
	78.9	51.6	41.5	27.3	10.1	Cherif, 1988.
	83.9	50.3	45.1	33.3	5.6	Triki, 1989.
	79.3	50.6	43.9	30.9	5.2	Saffah et Baballa, 1990.
	80.0	49.4	43.4	32.8	8.1	Laoun, 1985.
	80.2	45.8	39.1	34.5	5.7	Bouaboune, 1989.
	77.0	51.0	40.0	26.0	11.0	Jarrige, 1981.
	82.6	-	-	-	-	Dias Da Silva et Guedes, 1993
	85.6	53.9	37.7	31.8	3.7	Gallo et Fontenot, 1986.
	86.0	-	-	-	12.6	Travis et al., 1996.
	81.72	53.48	46.56	-	6.89	Bouguettaya, 1999.
	76.5	48.5	42.8	28.1	5.7	Nefzaoui et Bensalem, 1995.
Orge	81.0	51.0	44.0	30.0	7.0	Jackson, 1977.
	79.0	50.2	42.0	28.8	8.2	Cherif, 1988.
	-	50.5	-	-	-	Erikson et al, 1982.
	-	-	31.3	-	-	Lindberg et al, 1984.
	84.8	-	-	-	10.1	Travis et al, 1996.
	79.97	53.52	46.33	-	7.51	Bouguettaya, 1999.

ADF : Acide Détergeant Fibre ou lignocellulose ; NDF : Neutral Détergeant Fibre ou parois totales ; Hem : Hémicellulose ; Lig : Lignine ; Cel : Cellulose.

III-3-2- Utilisation des ressources alimentaires disponibles :

Si la paille est considérée dans beaucoup de pays comme aliment d'encombrement, elle est un fourrage à part entière pour beaucoup de fermiers d'autres pays. C'est pour cela et en raison de l'importance des quantités produites annuellement dans le monde et du besoin de réduire le coût de l'alimentation du troupeau, qu'un intérêt particulier a été porté à ce sous-produit.

En Algérie, pour assurer une productivité durable des élevages, surtout ceux localisés dans les zones défavorables, il serait opportun de valoriser aux mieux l'ensemble des ressources alimentaires produites localement et en particulier les pailles de céréales qui représentent un potentiel fourrager indéniable qui pourrait réduire la dépendance du cheptel des importations massives d'aliments de l'étranger et aussi réduire la concurrence entre l'homme et l'animal en matière d'amidonnerie.

Un effort particulier est demandé aux principaux intervenants (Instituts spécialisés, les services de vulgarisations…) afin d'intensifier les actions grâce à une diffusion plus large et plus soutenue des techniques de traitement sur la base des acquis de recherche dans ce domaine.

Concernant la qualité des pailles et sachant que pour certaines régions, la paille est aussi importante que le grain, l'emploi de variétés et d'espèces permettant la production de biomasse (grain + paille) plus élevée et de bonne qualité (ingestion) et leur capacité élevée de repousse après pâturage doivent être conseillé. Des recherches ont été réalisées au niveau international ou régional (ICARDA par exemple) sur la mise au point de variétés répondant à ces caractéristiques. Ces recherches sont à suivre de très près.

il importe aussi de connaître, avec plus de détails, les quantités disponibles de pailles et ce moyennant des estimations plus cohérentes basées sur des enquêtes sérieuses.

La connaissance des circuits de commercialisation, d'échange et de stockage des foins et des pailles est une nécessité absolue qui permettra de mieux planifier les fluctuations alimentaires au cours des disettes répétitives et de remédier aux spéculations qui les accompagnent.

Selon la qualité des pailles, on peut indiquer que la paille d'orge a la teneur moyenne en MAT (40 à 41g/kg de MS) la plus élevée, suivie du blé dur (36 – 37g/kg de MS).

Les pailles de triticales et d'avoine ont les teneurs les plus faibles. L'espèce et la variété ne semblent pas jouer le rôle le plus important sur la qualité des pailles. Cette dernière semble être plus dépendante de l'année et donc des conditions climatiques.

III-3-3- Principes d'utilisation de la paille :

L'utilisation de la paille en alimentation animale se heurte à des problèmes liés essentiellement à ses caractéristiques de composition. En effet, les pailles sont pauvres en matières azotées, en minéraux et en vitamines. Par contre, elles sont riches en parois végétales constituées essentiellement de glucides pariétaux (cellulose, hémicellulose et substances pectiques) et la lignine. Ces molécules sont fortement polymérisées et offrent une certaine résistance à l'attaque microbienne dans le rumen.

Il existe deux principales voies d'amélioration de l'utilisation des pailles par les ruminants :

- La première est nutritionnelle et consiste en une complémentation nutritive adéquate (énergétique, azotée, vitaminique et minérale) des pailles en vue de catalyser l'activité microbienne du rumen.

Cette complémentation permet de satisfaire les besoins d'entretien et de production des animaux. Ainsi, le choix du niveau de production, donc du type d'animaux, peut conditionner l'efficacité de l'utilisation de la paille.

- La seconde est technologique, ce sont les traitements physiques, chimiques ou biologiques qui permettent de modifier les propriétés physico-chimiques des parois lignifiées des fourrages en les rendant plus accessibles aux microorganismes de la panse, dont les conséquences seront l'augmentation de la digestibilité et la stimulation de l'ingestion

III-4- Amélioration de la paille :

III-4-1- La complémentation :

La complémentation est nécessaire pour maximiser la digestibilité de la paille et augmenter les quantités ingérées par le ruminant. Elle consiste d'abord à apporter les éléments nutritifs manquants dans les fourrages pauvres. C'est la complémentation « catalytique » ensuite une complémentation « supplémentaire » apportant les nutriments permettant de couvrir les besoins de production. Les apports ne vont plus être seulement azotés, ils seront également énergétiques. Ils seront effectués proportionnellement aux besoins de production et de manière telle qu'ils ne pénalisent pas l'activité cellulolytique du rumen (pH entre 6,0 – 7,0) (Tammiga, 1979) et assurent un bon équilibre des produits terminaux de la fermentation et de la digestion de la ration totale afin de réaliser les productions souhaitées.

Cet apport devra être réaliste sur le plan non seulement nutritionnel mais également socio-économique : disponibilité, coût, aptitude à être mis en œuvre au niveau pratique.

L'effet améliorateur de la complémentation sur la digestibilité des fourrages pauvres a été rapportée par plusieurs auteurs (Kraim et al., 1991 ; Chermiti et al., 1994 ; Houmani, 1998 ; Moreira et Ribeiro, 1998).

III-4-2- Les traitements :

Trois grandes catégories de traitements sont utilisées : physiques, chimiques ou biologiques permettant de modifier les propriétés physico-chimiques des parois lignifiées des fourrages.

Les traitements physiques (mécaniques, thermiques et aux radiations) et biologiques ne seront cités que pour mémoire et très succinctement. A l'exception du broyage, les traitements physiques sont trop onéreux et leur mise en œuvre suppose des dispositifs industriels. Quant aux traitements biologiques, ils restent encore techniquement délicats à mettre en œuvre au niveau pratique.

De tous ces procédés, ce sont les traitements chimiques ou alcalin (à l'ammoniac et à l'urée) qui ont le plus retenus l'attention sur le plan recherche et développement, car efficaces et faciles à mettre en œuvre sur le plan pratique.

Le traitement à l'ammoniac est maintenant maîtrisé, surtout le développement de la technique proposée par Sundstol et al. (1978). Toutefois, le traitement à l'ammoniac est limité pour des raisons de disponibilité ainsi que pour la délicatesse de sa manipulation.
Le même ammoniac peut générer sans aucun risque à partir de l'urée classiquement utilisée comme engrais (46 N).

a- Principe du traitement à l'urée :

Le traitement à l'urée est la résultante de deux processus ; le premier est l'uréolyse générant progressivement de l'ammoniac et le second est l'action de l'ammoniac sur les pailles (Chenost, 1994).
La réussite du traitement à l'urée est sous l'influence, d'une part, des facteurs de traitement (dose d'urée, humidité, température et durée de traitement) qui sont en interaction très étroite (Canique et al., 1998 ; Houmani, 1998 ; Munoz et al., 1998), et d'autre part, de la qualité initiale de la paille (Kernan et al., 1979 ; Gomez-Cabrera et al., 1985 ; Cottyn et De Boever, 1988).

Les facteurs de réussite de l'uréolyse ont été présentés par Cordesse (1992). L'uréolyse est une réaction enzymatique par laquelle l'uréase transforme une molécule de gaz carbonique. La réaction simplifiée est : $CO(NH_2)_2 + 2H_2O \longrightarrow 2NH_3 + CO_2$.

Elle montre que 60g d'urée génère 34g d'ammoniac. Elle implique la présence d'uréase et d'une certaine quantité de chaleur.

La vitesse dépend de la simultanéité de tous ces facteurs. La réaction est optimum à 30°C et sa vitesse est multipliée par le facteur 2 à toute augmentation de la température à 10°C jusqu'à la température maximale de 95°C au-delà de laquelle, l'activité de l'uréase devient nulle. L'humidité maximale est de l'ordre de 30 à 40%. Le traitement à l'ammoniac répond d'autant mieux que le fourrage est pauvre il est donc de même pour le traitement à l'urée (Chenost et Dulphy, 1987).

b- Effet du traitement à l'urée sur la composition chimique et sur la valeur alimentaire des pailles :

Le traitement des pailles à l'urée entraîne d'importantes modifications de leurs compositions chimiques. Les changements les plus notables sont relatifs à la paroi totale et aux matières azotées. Abdouli et Khorchani (1987) rapportent respectivement des baisses de 1,9 point de la teneur des pailles en paroi totale. La teneur azotée des pailles est affectée dans une grande proportion par le traitement à l'urée.

Ainsi, la paille, initialement pauvre en matière azotée, devient comparable à un foin (Mefti, 1994). Triki et al. (1998) obtiennent une augmentation de 5,8 points de la teneur azotée qui passe de 6,8 à 12,6 de la matière sèche de la paille.

L'ingestibilité des pailles traitées à l'urée est de loin supérieure à celle des pailles en l'état. Dias-Das-Silva et Sundstol (1986) rapportent des ingestions quotidiennes de 57,1 et 72 g/jour/kg P 0,75 respectivement pour les pailles non traitées et celles traitées à l'urée. Chenost et Dulphy (1987) observent, pour leur part, une augmentation de 15,2% de l'ingestibilité de la paille après son traitement à l'urée. Cette amélioration de l'ingestibilité par le traitement est accentuée par la complémentation (Laurence et al., 1990; Houmani, 1998) et par hachage des pailles avant leur traitement (Chermiti et al., 1991b).

Abdouli et Khorchani (1987); Chermiti et al.(1991b) ; Houmani (1998) rapportent des augmentations de la digestibilité allant de 2,4 à 27,1 points.

Cette large fourchette de variations des améliorations apportées par le traitement à l'urée s'expliquerait par les niveaux de complémentation utilisés mais surtout par la nature du concentré.

Selon Ramihone et Chenost (1988) ; Antogiovani et al. (1998), l'azote apporté par le traitement est insuffisant pour que les microbes de la panse puissent utiliser le supplément de matière organique digestible dû au traitement ; un apport de protéines lentement dégradables permet de mieux combler ce déficit que les protéines rapidement dégradables. Par ailleurs, Demarquilly et al. (1987) ; Ramihone et al.(1988) estiment qu'un apport de glucides rapidement utilisables permet de mieux valoriser l'azote des pailles traitées pour la protéosynthèse microbienne.

Les travaux de recherche de ces dernières années ont montré que particulièrement dans le cas des fourrages pauvres, il est également utile d'apporter, en plus de l'azote dégradable, les matières azotées supplémentaires sous la forme la moins dégradable possible (PDIA) : tourteaux tannés, protéines d'origine animale, protéines végétales riches en tanin comme les légumineuses arbustives qui améliorent encore leur valeur alimentaire.

IV- Utilisation des pailles traitées dans l'alimentation des ruminants :

Les essais d'utilisation des pailles par les ruminants sont assez nombreux. Ils ont été réalisés notamment en Europe pour les pailles traitées à l'ammoniac (Kristensen, 1984), en Asie pour les pailles traitées à l'urée (Schiere et Ibrahim, 1989). D'autres travaux ont été également menés en Afrique du Nord sur des bovins en croissance (Abdouli et al., 1988 ; Chermiti, 1994) et sur des ovins adultes (Kraiem et al., 1991 ; Chermiti, 1994). Les essais relatifs à l'utilisation des pailles par les caprins sont très rares, voir même inexistants dans certaines régions. Quelques travaux ont été conduits en Asie sur l'utilisation de la paille de riz traitée à l'urée par des caprins en croissance (Tuen et al., 1991 ; Mgheni et al., 1993) et en Tunisie sur des caprins adultes (Chermiti, 1994).

IV-1- Utilisation des pailles traitées dans l'alimentation de la vache laitière :

L'utilisation des pailles traitées dans la ration des vaches laitières a été surtout pratiquée dans les pays de l'Europe du Nord (Rissanen et Kossila, 1977 ; Kristensen, 1984) qui disposent davantage de ressources alimentaires. Les raisons de cette pratique ne peuvent certainement être que d'ordre économique. Rissanen et Kossila (1977) trouvent que l'ingestion de la paille d'avoine traitée à l''ammoniac est augmentée de 15% chez la vache laitière. Ces auteurs rapportent que l'ingestion de la paille diminue de 0,6 kg de MS pour chaque kilogramme de MS d'ensilage introduit. Cette substitution est de 0,8% pour Kristensen et Andersen (1980), qui gardent constante la quantité de concentré dans la ration. Chermiti (1999) trouve que la paille traitée peut remplacer en moyenne 3,5% de MS d'ensilage avec un apport supplémentaire de 1 kg de concentré. Sur la base de nombreux résultats, Kristensen (1984) et Acock et al. (1979) concluent que la paille traitée à l'ammoniac peut remplacer une proportion assez importante d'ensilage sans qu'il y ait d'effets négatifs sur les performances de la vaches laitières ou à viande.

Schier et Ibrahim (1989) signalent que l'introduction de la paille traitée à l'urée permet des performances acceptables et aucun effet négatif n'a été constaté sur l'état de la santé ou sur les paramètres de reproduction des animaux. D'autres résultats rapportés par Perdock et al. (1982) et réalisés en Asie également, montrent qu'à un niveau d'ingestion constant, la production laitière chez les bufflesses est plus élevée avec la paille traitée à l'urée en comparaison à celle obtenue avec la paille non traitée.

IV-2- Utilisation des pailles traitées par des bovins en croissance :

La paille traitée à été largement utilisée dans l'alimentation de génisses d'élevage (Dulphy et Gomez-Cabrera, 1977 ; Dulphy et Andrieu, 1980 ; Dulphy et Bony, 1983 ; Kristensen, 1984 ; Naseeven et Kincaid, 1992) du fait que ce type d'animaux ne nécessite pas généralement des croissances assez élevées et leurs besoins alimentaires sont, par conséquent, modérés en comparaison avec ceux des vaches laitières. Selon Dulphy et Bony (1983), la paille de blé traitée à l'ammoniac permet de couvrir 75% des besoins alimentaires des génisses de race "Holstein".

Des travaux réalisés en Tunisie par Abdouli et al (1988) rapportent que les performances de taurillons de race "Pie Noire" alimentés avec 50% de concentré sont comparables entre la paille non traitée et la paille traitée à l'ammoniac. Ces auteurs ont conclu que dans de telles conditions, l'intérêt du traitement des pailles permet de réduire l'apport de tourteau de soja qui est nécessaire avec la paille non traitée en tant que source azotée, de 17,6 à 2.8%. En Norvège, Arnason (1977) trouve que l'ingestion de la paille traitée est équivalente à celle de l''ensilage d'herbe, mais les gains de poids sont plus élevés avec ce dernier.

Kevale (1978) observe une augmentation de 31% de l'ingestion et 12% au niveau des gains de poids suite au traitement de la paille à l'ammoniac, en comparaison avec la paille non traitée. Sundstol et Matre (1980) rapportent que l'amélioration de l'ingestion de la paille après traitement a été de 26, 43 et 67%, en comparaison avec la paille non traitée, lorsque la proportion de concentré représentait respectivement 27, 22 et 2,5% de la ration totale. Les augmentations correspondantes de gains de poids étaient de 130, 315 et 85 g/j.

Saenger et al. (1983) concluent que l'augmentation moyenne de l'ingestion des pailles traitées est de 25% et les gains de poids varient de 100 à 300 g/j, lorsque la paille représente plus de 40% de la ration totale. Des exemples d'utilisation de la paille non traitée ou traitée à l'ammoniac par des bovins en croissance sont présentés dans le tableau 12.

Tableau 12 : Performances des bovins en croissance alimentés avec de la paille traitée à l'ammoniac ou non.

Auteurs	Animaux	% de paille	MSI paille (kg/j)		GMQ (g/j)	
			PNT	PTA	PNT	PTA
Greenhalgh, 1984	Génisses	60	6,8	7,8	400	710
Dulphy et al, 1984	Génisses	62	3,9	5,6	316	522
Chenost et Boissau, 1986	Génisses	54	4,4	4,6	465	573
Naseeven et Kincaid, 1992	Génisses	76	3,8	4,7	350	510
Garett et al, 1979	Génisses	72	5,8	6,7	229	533
Sundstol et Mtre, 1980	Génisses	87	6,0	10,0	349	434
Horton et al, 1982	Génisses	40	3,4	3,8	830	1130

PNT : paille non traitée, **PTA** : paille traitée à l'ammoniac, **GMQ** : gain moyen quotidien

Dans d'autres essais, avec des génisses d'élevage et des taurillons en croissance appartenant à la race Pie Noire et alimentés avec la paille traitée à l'ammoniac ou le foin de vesce-avoine à volonté et complémentés avec des quantités limitées de concentré (moins de 35% de la ration), des croissances de 800 à 1000 g/j ont été enregistrées (Chermiti, 1994). Sur la base de ces résultats, il a été déduit que la paille traitée à l'ammoniac peut remplacer en totalité le foin de vesce avoine produit dans de nombreuses régions de la Tunisie.

IV-3- Utilisation des pailles traitées dans l'alimentation des caprins :

Les expériences sur caprins nourris avec de la paille traitée à l'ammoniac ou à l'urée sont très rares. Seuls quelques essais ont été réalisés avec de la paille traitée à la soude, mais il s'agit surtout d'essais de courte durée (Owen et Kategile, 1984 ; Alrahmoun et al. 1985 ; Masson et al., 1989). Les ingestions moyennes de paille traitée à l'ammoniac ou de paille traitée à l'urée par des chèvres locales au cours de la période d'entretien sont supérieures à ce qui est généralement observé chez les ovins (Tableau13). Devendra (1978), Brown et Johnson (1981) et Masson et al. (1989) observent également que les caprins ingèrent plus de paille que les ovins lorsque le fourrage fournit plus de 65% de la ration. Masson et al.(1989) et Dulphy et al.(1990) observent en effet que les vitesses d'ingestion et de rumination sont plus élevées chez les caprins que chez les ovins. Les résultats de Morand-Fehr et al. (1980) montrent que l'ingestion des fourrages par les caprins est d'autant plus importante que les niveaux de refus tolérés sont élevés, permettant ainsi aux chèvres de trier davantage les fractions les plus digestibles (Morand-Fehr et al., 1980). Les résultats présentés au tableau 13 suggèrent aussi que les chèvres du type local de Tunisie s'adaptent bien à ce type de fourrage, ce qui est en accord avec les résultats de Masson et al. (1986) avec la paille traitée à la soude.

Tableau 13 : Utilisation comparée des parcours et de la paille traitée par la chèvre locale de Tunisie (Chermiti, 1994).

Régimes	Parcours	PTA	PTU
Nombre d'animaux	15	15	15
Poids des chèvres			
- Lutte	41,9	37.4	36,1
- Gestation	49,7	42.6	42,2
- Lactation	39,5	36.1	36,3
Ingestion paille, MS (g/j)			
- Lutte		68.7	71,1
- Gestation		68.5	66,3
- Lactation		71.9	68,7
Poids des chevreaux à la naissance			
- Simple (kg)	3,0	3.1	3,1
- Double (kg)	2,4	2.0	2,3
Gain moyen quotidien de 10 à 30j			
- Simple (g/j)	179	138	151
- Double (g/j)	146	115	121

PTA : paille traitée à l'ammoniac ; **PTU** : paille traitée à l'urée

IV-4- Utilisation des pailles traitées dans l'alimentation des ovins :

Les essais de longue durée avec les ovins (Chermiti, 1994) montrent clairement l'absence de toxicité des pailles traitées et aussi l'absence d'effet négatif sur la reproduction chez la brebis (Tableau 14), ce qui rejoint les observations de Cordesse et al (1989) pour une étude comparable. Les symptômes de toxicité observés avec les fourrages traités à l'ammoniac ont surtout été rapportés avec des foins, mais rarement avec des pailles (Perdock et Leng, 1987).

Tableau 14 : Effets de l'utilisation à long terme de la paille traitée sur la prolificité et la fertilité des brebis de la race Barbarine (Chermiti, 1994).

Périodes Paramètres de reproduction	1988-1989	1989-1990	1990-1991	1991-1992
Parcours (témoin)				
- Prolificité	1,00	1,12	1,10	1,16
- Fertilité	0,83	0,92	0,83	0,80
Paille non traitée				
- Prolificité	1,00	1,00	1,08	1,10
- Fertilité	0,73	0,79	0,86	0,86
Paille traitée à urée				
- Prolificité	-	1,00	1,08	1,21
- Fertilité	-	0,93	0,86	0,96

Les variations moyennes du poids des brebis alimentées avec la paille traitée ou conduites sur parcours pendant la lutte, à la fin de la gestation et en début de lactation sont liées entre autres, aux phases d'excédent et/ou de déficit alimentaires au cours de ces mêmes périodes. L'augmentation du poids des brebis en fin de gestation est de 7,7 kg lorsqu'elles sont conduites sur parcours en années pluvieuses, alors que cette augmentation atteint 6 kg en moyenne lorsque les brebis sont alimentées avec de la paille traitée complémentée par 300 g de concentré durant toute la durée de la gestation (Tableau 15). Des poids plus faibles sont observés sur parcours en année sèche ou lorsque la paille traitée est complémentée par seulement 100 g de concentré. L'apport de nutriments par les rations à base de paille traitée est limitée, notamment pour l'azote en fin de gestation suite à une augmentation des besoins azotés de la brebis au cours de cette période (Boucquier et al., 1988).

Les variations du poids des brebis indiquent également que la complémentation de la paille traitée est indispensable même en période d'entretien pour la brebis Barbarine, ce qui n'est pas en accord avec les résultats de Cordesse et al. (1989) qui signalent qu'une complémentation des pailles traitées par du concentré n'est pas nécessaire pendant les périodes non productives des ruminants. Par ailleurs, il est aussi important de signaler qu'une complémentation minérale (souffre notamment) est indispensable pour des régimes à base de pailles traitées ou non surtout lorsque la période d'utilisation de ces fourrages est assez longue. Les déficiences des pailles en ces éléments peuvent affecter les performances des mères et des nouveau-nés.

Tableau 15 : Ingestion volontaire et variation des poids des brebis alimentées avec différents régimes à base de paille traitée à l'ammoniac ou à l'urée (Chermiti, 1994).

	Parcours		Paille ammoniac		Paille urée
	Année sèche	Année pluvieuse	+100 g de concentré	+300 g de concentré	+300 g de concentré
Nombre de brebis	30	30	30	30	30
Poids des brebis (kg)					
- Lutte	35,6	51,6	38,9	45,9	38,6
- Gestation	45,4	59,3	43,1	51,6	46,9
- Lactation	38,2	51,0	38,0	45,2	41,4
MS ingérée g/kg $P^{0,75}$					
- Lutte	-	-	54,2	65,9	67,9
- Gestation	-	-	55,2	61,2	63,2
- Lactation	-	-	69,4	67,9	62,8

La quantité de paille traitée volontairement ingérée par les brebis n'a que légèrement varié malgré une période d'observation assez longue (4 ans avec la PTA et 3 ans avec la PTU) pour ces régimes (Tableau 15). Cordesse et al. (1989) rapportent également que l'ingestion volontaire chez des brebis alimentées avec la PTA pendant une longue période est relativement constante. Ces constatations ne corroborent pas les résultats de Xande (1978) qui rapporte que l'ingestion de la paille augmente après un certain temps d'adaptation aux régimes. Les ingestions moyennes de PTA rapportées par Cordesse et al. (1989) sont de 51,3 g MS/kg $P^{0,75}$ pour la race Mérinos d'Arles en France et de 46 g MS/kg $P^{0,75}$ pour la race Aragonese en Espagne.

Tableau 16 : Effets de l'utilisation à long terme des pailles traitées sur le poids à la naissance et la croissance des agneaux (Chermiti, 1994).

Périodes Poids naissance et GMQ	88-89	89-90	90-91	91-92
Parcours				
- Poids à la naissance (kg)	3,7	3,9	4,4	4,2
- GMQ 10-30 jours (g/j)	98	235	201	213
Paille traitée à l'ammoniac				
- Poids à la naissance (kg)	3,2	3,7	4,0	3,7
- GMQ 10-30 jours (g/j)	142	139	135	150
Paille traitée à l'urée				
- Poids à la naissance (kg)	3.6	3,7	3,7	-
- GMQ 10-30 jours (g/j)	160	172	165	-

GMQ : gain moyen quotidien

L'apport de 600 g de concentré par jour et par brebis à partir de la mise-bas lorsque la paille traitée est distribuée à volonté, permet d'obtenir des croissances 10 à 30 jours des agneaux variant de 140 à 170 g/j (Tableau 16). Ces croissances se situent entre celles obtenues sur parcours, en année pluvieuse et celles obtenues sur les mêmes parcours en année sèche. Ceci montre que les parcours dans les conditions arides de la Tunisie restent la meilleure ressource alimentaire dans les cas d'une bonne année et que la paille traitée permet une production acceptable surtout en année sèche Chermiti (1999). Dans des conditions comparables d'utilisation de la paille traitée, Cordesse et al. (1989) rapportent des croissances 10-30 j variant de 143 à 284 g/j pour la race Mérinos d'Arles et de 199 à 219 g/j pour la race Aragonese. Ces croissances relativement plus élevées, comparées à celles des brebis de la race Barbarine, sont liées d'une part aux différences entre races et d'autre part au niveau de complémentation utilisé. Toutefois, les performances des brebis et la croissance des agneaux permises avec la ration à base respectivement de 80% et de 65% de paille traitée au cours des périodes de gestation et d'allaitement, sont conformes aux potentialités de la race Barbarine en Tunisie (Khaldi, 1984).

Conclusion :

Les traitements à l'ammoniac, qu'ils soient effectués directement à l'ammoniac anhydre (ou aqueux) ou indirectement à l'urée, permettent d'améliorer la digestibilité et l'ingestibilité des fourrages pauvres. Ils permettent en outre d'en améliorer la valeur azotée. Il n'y a pas une grande différence entre les deux groupes de technique dans leurs effets sur les fourrages, du moins lorsque les traitements sont effectués à quantité égale d'ammoniac.

L'augmentation de digestibilité due au traitement est d'autant moins importante que la digestibilité de la paille non traitée est élevée. Il est donc important de connaître ou de pouvoir prédire la digestibilité d'une paille donnée avant de décider de la traiter, et cela, surtout dans le cas où l'on disposerait par ailleurs des ressources fourragères permettant de la compléter correctement pour la distribuer aux animaux en l'état.

Les règles d'utilisation des pailles traitées sont les mêmes que pour les pailles non traitées, elles visent à favoriser les conditions d'une bonne cellulolyse. Elles doivent même être respectées avec plus de rigueur si l'on ne veut pas perdre le bénéfice du traitement. C'est ainsi que Chenost (1989) a montré l'importance de la production et de la nature de la complémentation énergétique tout en restant vigilant sur la quantité et la qualité de la complémentation azotée des fourrages traités pour les valoriser pleinement et cela d'autant plus que les performances attendues des animaux qui les reçoivent seront élevées.

D'après Demarquilly et al. (1989), la mauvaise utilisation de l'ammoniac du traitement par les micro-organismes du rumen (qui se traduit par une augmentation anormale de l'excrétion azotée fécale) peut être compensée par l'apport d'une source d'azote protéique peu ou pas fermentescible (PDIA). Celle-ci est bénéfique non seulement pour l'animal hôte mais également pour les micro-organismes du rumen dont l'activité cellulolytique est ainsi améliorée. L'introduction de la paille traitée aux moments des périodes creuses serait d'après Chenost (1994) d'une grande utilité.

En Algérie, la technique de traitement des pailles constitue donc une alternative pour augmenter substantiellement l'offre fourragère sans consommation supplémentaire de terre.

Les recherches zootechniques visant à préciser dans le contexte algérien, d'une part, les paramètres de traitement et d'autre part la valeur alimentaire des pailles ainsi traitées ont démarré au début de la décennie 1980.

Chapitre III
Paramètres sanguins

Chapitre III
Paramètres sanguins

I- Aperçu sur quelques paramètres plasmatiques :

La détermination des paramètres plasmatiques des animaux est d'un intérêt particulier pour établir le diagnostic et le pronostic de nombreuses maladies. La détermination du profil biochimique permet l'évaluation de l'état nutritionnel et/ou métabolique de l'animal. Les déficiences nutritionnelles conditionnant la productivité du cheptel et son aptitude à valoriser les ressources qui peuvent être valablement appréciées par les paramètres sanguins (Poppof, 1981 et Obi et al., 1985). Parmi ces paramètres, l'urée plasmatique, la créatinémie, protéinémie et les transaminases peuvent être des sources d'information importantes sur l'état du fonctionnement de certains organes, en l'occurrence, le foie et le rein, organes majeurs impliqués dans l'évacuation des déchets azotés.

Dans ce chapitre seront décrits principalement les paramètres du profil sanguin en relation avec l'utilisation de l'azote.

I-1- Les protéines plasmatiques :
I-1-1-Régulation de la protéinémie :

La concentration des protéines plasmatiques totales reflète généralement la disponibilité en acides aminés provenant des protéines alimentaires et de la biomasse du rumen dans le cas des ruminants (Ajala et al., 2000 ; Chorfi et Girard, 2005).

La régulation du métabolisme protéique par les hormones et les substrats énergétiques s'exerce soit sur la synthèse, soit sur le catabolisme, soit sur les deux pour promouvoir l'anabolisme ou un catabolisme protéique net. La synthèse protéique et la protéolyse se déroulent simultanément; une synthèse supérieure à la protéolyse donnera un gain protéique net, au contraire une protéolyse supérieure à la synthèse aboutira à une diminution de la masse protéique. Dans le tableau 17 sont rapportées quelques valeurs de la protéinémie enregistrées chez le mouton. Selon les normes internationales, les valeurs peuvent varier de 60 à 80 g/l en moyenne.

I-1-2- Facteurs de variation de la protéinémie :

La protéinémie est sujette à des variations. Il existe ainsi des hypo et des hyper protéinémies. Cependant, une protéinémie dont la valeur reste dans les normes physiologiques peut masquer une pathologie dont le diagnostic ou le suivi ne sera effectué qu'après dosage des protéines spécifiques d'une infection.

Les hypo protéinémies : Elles sont dues soit à :
- Une carence d'apport en protéines ;
- Un défaut de synthèse lors d'une insuffisance hépatique sévère,
- Une fuite anormale des protéines au niveau cutané, tissulaire ou rénal.

Les hyper protéinémie :

Selon Hassan (1971) ; Apanna et al. (1975) ; Abdulhamid et al. (1984); les protéines plasmatiques, augmentent avec la déshydratation chez tous les animaux.

Tableau 17: Protéines plasmatiques totales chez les ovins (g /l).

Valeurs usuelles / Régimes	Protéinémie	Auteurs
Foin	69 ± 7	Smith et al. (1978)
	60 à 80	Matthew et al. (1999)
	$72 \pm 3,1$	Haddad (1981)
Paille traitée à l'urée	72,23	Dekar (1994)
Alimentation composée de paille avec ration printanière riche en matière azotée	$66,2 \pm 0,05$	Meziane (2001)
Conduite sur parcours des régions désertiques	63,4 à 130,2	Ndoutamia et al. (2005)

I-2- L'urée plasmatique :

L'urée principale produit de dégradation des protéines est la forme d'élimination de l'ammoniac initialement introduit dans les acides aminés qui est une molécule extrêmement toxique pour la cellule.

L'urée dosée de façon concomitante avec la créatinine permet en première approximation de rechercher une insuffisance rénale. [Le rapport urée/créatinine plasmatique molaire normal est d'environ 50. Lorsque ce rapport (Urée/Créatinine) plasmatique devient supérieur à 100, l'élévation disproportionnée de l'urée sanguine par rapport à celle de la créatinine doit faire rechercher soit une hyperproduction d'urée, soit une insuffisance rénale fonctionnelle].

I-2-1- Formation de l'ammoniac :

La formation de l'ammoniac à partir des acides aminés s'effectue selon deux voies :
- Par désamination directe qui libère un acide cétonique et de l'ammoniac.
- Par une transamination reverse qui aboutit au glutamate. Puis la glutamate déshydrogénase catalyse la réaction de formation de NH_3 et cétoglutarate en présence

de NAD (phosphorylé ou pas selon les organismes).

Quelque soit le mécanisme par lequel l'ammoniac est libéré (désamination directe, non oxydative et/ou désamination), celui-ci se condense avec le glutamate pour former la glutamine. Ce dernier, acide aminé le plus concentré dans le sang (450 à 600 µM), sert de transporteur de l'ammoniac jusqu'au foie ou/et aux reins. Dans chacun de ces organes, la glutaminase libère l'ammoniac de la glutamine par désamination.

I-2-2- Métabolisme de l'urée :

Au niveau du rein, l'ammoniac est éliminé dans l'urine sous forme d'ions ammonium. Cette élimination est d'autant plus importante qu'elle permet non seulement d'éliminer l'ammoniac mais aussi une grande quantité d'ions H^+ formés au cours de diverses réactions métaboliques. Dans le foie, l'ammoniac va être transformé en urée : c'est ce que l'on appelle l'uréogenèse ou cycle de l'urée. L'urée est ensuite véhiculée par la circulation jusqu'aux reins d'où elle est éliminée par l'urine. Le cycle de l'urée prend en charge l'ammoniac issu de la dégradation des groupements azotés des acides aminés. La synthèse de l'urée se déroule principalement dans le foie ; elle a lieu aussi dans d'autres organes mais en quantité plus faible que le foie, tels que les reins, l'intestin et la glande mammaire (Verbeke et Peeters, 1965 ; Mepham et Linzell, 1967 ; Vignon, 1976) où elle semble régulée par différents facteurs :

- Alimentaire : l'activité des enzymes hépatiques impliquées dans le cycle de l'urée augmente lorsque le régime est riche en protéines mais n'augmente pas avec des régimes pauvres en protéines mais pauvre en urée. L'écart d'activité pourrait être lié à une différence de disponibilité des transporteurs d'ammoniac (acide glutamique et aspartique).

- Métabolique : il existerait une corrélation négative entre l'activité des enzymes du cycle de l'urée dans le foie et l'urémie (Chalupa et al ., 1970). La production d'urée peut ainsi être limitée. Selon Symonds, Mether et Collis (1981) la production d'urée par le foie chez la vache laitière serait au maximum de 9 à 10 mmoles / mn et correspondrait à un prélèvement maximal d'ammoniac de 12 à 18,5 mmoles / mn.

L'urée est excrétée par différentes voies mais la majeure partie est éliminée par le rein.

Une petite quantité apparaît dans le fluide utérin et le lait. Chez les ruminants, plus de 60% de l'azote retrouvé dans l'urée plasmatique a pour origine l'azote ammoniacal produit dans le rumen qui passe directement dans le sang (Nolan et Leng, 1972 ; Kennedy et Milligan, 1978) et 10 à 30% de l'urée sont issus de l'ammoniac provenant du fluide caecal (Nolan, Norton et Leng, 1976).

Le tableau 18 rapporte quelques valeurs de l'urémie enregistrée chez les ovins.

Tableau 18 : Urée sanguine chez les ovins (g /l).

Régimes / Valeurs usuelles	Urémie	Auteurs
−	0,28 ± 0,04	Smith et al.(1978)
−	0,29	Matthew et al.(1999)
−	0,20 – 0,30	Brugere-Picoux (2002)
−	0,36 ± 0,010	Popof (1979)
Foin	0,43 ± 0,08	Haddad (1981)
Paille traitée à l'urée	0,74	Dekar (1994)
Alimentation composée de paille avec ration printanière riche en matière azotée	0,47 ± 0,12	Meziane (2001)
Conduite sur parcours des régions désertiques	0,26 - 0,64	Ndoutamia et al.(2005)

I-2-3- Facteurs de variation de l'urémie :

La formation d'urée à partir de la digestion ruminale et du métabolisme protéique de l'animal augmente :

- Avec l'importance des apports azotés.
- Avec un catabolisme accru par le jeûne (Ndibualonji et al., 1997).
- Suite à une intoxication par l'urée lors de son adjonction dans la ration.
- En cas d'insuffisance hépatique sévère.
- Chez les animaux domestiques, une restriction de distribution d'eau s'accompagne d'une augmentation de l'urémie. (Schmidt-Nielsen, 1959 ; Moussa, 1983 et Mahmud et al., 1984).
- Etat pathologique: l'augmentation de l'urémie s'observe le plus souvent dans les affections rénales ; quelle que soit son origine. L'urémie n'est pas influencée par la génétique mais peut avoir des variations selon :
    - La race (Journet, 1976),
    - L'âge aussi bien chez les ovins que chez les bovins (Haddad, 1981),
    - La saison d'été où le taux d'urée sanguine est plus élevé. Cette augmentation pourrait être due à la fertilisation des sols et l'addition de très grandes quantités d'azote non protéique dans la ration (Savaria ,1975).

La gestation n'a pas d'effet sur l'urémie, mais elle augmente au cours du premier mois de lactation.

Un taux faible de l'urémie sanguine peut signifier que la ration est riche en amidon ou faible en apport azoté (Haddad, 1981 ; Remond et al., 1996).

I-2-4- La toxicité :

L'apport dans la ration de substances azotées non protéiques est courant dans les techniques modernes d'alimentation des ruminants.

La grande solubilité de l'urée et son manque de liaison avec d'autres radicaux carbone sont les facteurs qui accélèrent sa transformation en ammoniac et son passage dans le sang, jusqu'à atteindre la toxicité.

L'ingestion d'urée est suivie d'une augmentation de la teneur en NH_3 dans le rumen, avec élévation du pH traduisant l'uréolyse. Dans le plasma, il y a très rapidement une augmentation de la teneur en NH_3 et plus tardivement de celle de l'urée liée au processus d'uréogenèse hépatique. Quand d'importantes quantités d'urée sont utilisées, l'hyper ammoniémie est considérable, les capacités d'uréogenèse hépatique sont dépassées et des symptômes d'intoxication, essentiellement nerveux, apparaissent (Le bars, 1974 ; Bartley et al., 1976 ; Itabisashi, 1977).

Des troubles physiologiques apparaissent, trente minutes après la consommation d'urée, l'animal est saisi de troubles nerveux, incoordination des mouvements, météorisation, accélération des troubles cardiaques et respiratoires et l'animal meurt.

I-3- La créatinine :

La créatinine dans l'organisme provient de la déshydratation de la créatine ou la créatine phosphate dont l'origine est les muscles. Elle est excrétée dans l'urine. Elle est produite par l'organisme à un rythme constant, et dépend essentiellement de sa masse musculaire.

Sa production et donc sa concentration plasmatique sont relativement constantes au cours du nycthémère. Elle est pratiquement indépendante de l'apport protéique alimentaire (Meziane, 2001 ; Marini, et al., 2004 ; Turner et al.,2005).

La créatinine est exclusivement éliminée par les reins. Elle n'est ni sécrétée, ni réabsorbée, ce qui en fait un très bon marqueur de la fonction rénale. La clairance de la créatinine permet d'explorer la filtration glomérulaire.

Le dosage de la créatinine sérique ou plasmatique constitue le mode d'évaluation le plus répandu de la fonction rénale car ce paramètre est corrélé au débit de filtration glomérulaire.

Cependant, la valeur de la créatinémie ne reflète pas seulement l'excrétion rénale mais aussi l'absorption digestive, et le métabolisme de la créatinine. (Lacour, 1992).

La fiabilité de la créatinémie varie cependant avec le degré de l'insuffisance rénale :

- En cas d'insuffisance rénale débutante, elle est peu fiable en raison de la relation hyperbole inverse entre la créatinine plasmatique et la filtration glomérulaire elle estime mal le débit de filtration glomérulaire,

- En cas d'insuffisance rénale avancée, elle est bonne. Elle est un marqueur sensible des modifications de débit de la filtration glomérulaire.

- Les pseudos insuffisances rénales. Il s'agit essentiellement de situations où la créatinine plasmatique augmente sans variation concomitante de la filtration glomérulaire ; situation rencontrée dans au moins 3 circonstances : augmentation de la créatinine (rhabdomyolyse massive), substances diminuant la sécrétion tubulaire de créatinine (cimétidine, triméthoprine), substances interférant avec son dosage (acide acéto-acétique au cours de l'acidocétose ; acide ascorbique) et certains antibiotiques.

Dans le tableau 19, figurent des valeurs de la créatinémie observées chez les ovins.

Tableau 19: Créatinémie plasmatique chez les ovins.

Valeurs usuelles Régimes	Créatinémie	Auteurs
–	22 à 230 µmol / l	Fontaine (1988)
–	106 à 168 mmol / l	Matthew et al.(1999)
–	1,94 à 21,5 g/ l	Ridoux (1982)
Paille traitée à l'urée	68,44 µmol / l	Dekar (1994)
Alimentation composée de paille avec ration printanière riche en matière azotée	11,06 ± 2,5 g/ l	Meziane (2001)
–	6,80 à 14,58 g / l	Merch (2002)

I-3-1- Facteurs de variation de la créatinémie :

La masse musculaire, l'apport alimentaire protidique et l'exercice musculaire sont des facteurs de variation inter et intra- individuelle de la créatinémie (Houot, 1990). Elle peut être diminuée en cas d'hémodilution, de dénutrition sévère et dans certains cas de myopathie.

Elle s'élève par accumulation dans tous les cas d'insuffisances rénales, dans les cas de rhabdomyolyse ou du syndrome de Crush.

Bengoumi (1999), rapporte qu'en cas de déshydratation, la diminution de la filtration glomérulaire entraîne une baisse de la clearance de la créatinine. Une privation d'eau de 10 jours provoque une augmentation de 60 % de la créatinémie, de 147% de la créatininurie et une diminution de la clearance de la créatinine (72 %).

Conclusion :

Le métabolisme des substances azotées fournit les acides aminés nécessaires pour le maintien des fonctions vitales, la croissance, la reproduction et la lactation. Le régime alimentaire influe indiscutablement sur le profil biochimique des animaux permettant d'établir un diagnostic précoce d'un déséquilibre alimentaire ; à cet effet, Haddad (1981) dans son étude a montré que l'examen des paramètres sanguins variait très significativement lors du passage d'un régime riche à un régime pauvre.

Deuxième partie
Etude expérimentale

Chapitre I
Matériel et méthodes

Chapitre I
Matériel et méthodes

L'étude a été menée à la ferme expérimentale de l'Institut Technique des élevages d'Aïn M'Lila (ITELV). Cette région est connue par des conditions climatiques rigoureuses se caractérisant par un climat continental à hiver froid avec une moyenne des minima variant de 1 à 5°C, et à été chaud et sec avec une moyenne des maxima de 33 à 40°C. Les précipitations sont irrégulières d'une moyenne mensuelle de 400 à 500 mm en saison humide et inférieure à 200 mm en saison sèche (DSA, 2010).

L'élevage est la principale activité au sein de cette ferme, notamment l'élevage des espèces ovicaprines.

I- Matériel :

I-1- Les animaux :

Les brebis ayant fait l'objet de cette étude sont de race Ouled Djellal choisies dans un troupeau de 323 têtes selon les critères de poids, conformation externes. La taille de la portée a été utilisée pour ne garder que les femelles porteuses d'un seul fœtus (diagnostic de gestation par écographie). Les brebis retenues sont des multipares au nombre de 50, pesant 57± 3,7 kg, elles ont été réparties en deux lots de 25 et maintenues durant toute la période expérimentale dans la bergerie de la ferme. Les régimes alimentaires distribués étaient composés de :

Lot témoin : paille non traitée plus concentrée.

Lot expérimental : paille traitée à l'urée plus concentrée.

I-2- Les aliments :

Le concentré utilisé est composé majoritairement d'orge concassé (80%), de son de blé (10%), tourteaux de soja (7%) et de CMV (3%). Il provient de l'unité des aliments de bétail d'Ouled Hamla (Ain M' lila).

Les pailles, il s'agit de paille de blé tendre provenant de la ferme expérimentale de l'Institut Technique des Elevage, récoltée durant la campagne 2010 - 2011. Les bottes pèsent en moyenne 15 kg.

Les pailles et l'eau, étaient offertes aux brebis des deux lots à volonté. De même, des pierres à lécher étaient mises à la disposition des animaux.

La composition chimique et minérale de la paille non traitée, du concentré et des pierres à lécher est consignée dans les tableaux 20, 21 et 22.

Tableau 20 : Composition chimique de la paille et du concentré.

	Paille non traitée	Concentré
Matière sèche (%)	94,03 ± 2,87	95,69
Matière minérale (% MS)	2,59 ± 0,28	1,86 ± 0,57
Matière organique (% MS)	95,25 ± 3,31	98,14 ± 0,57
Matière azotée totale (% MS)	3,45 ± 0,31	11,85 ± 0,36
Cellulose brute (% MS)	47,38 ± 3,16	5,17 ± 0,90
Matière grasse (% MS)	0,87 ± 0,02	3,85 ± 0,48
NDF (% MS)	88,40 ± 0,76	54,01 ± 4,93
ADF (% MS)	49,56 ± 0,75	28,82 ± 0,97
Hémicellulose (% MS)	38,83 ± 0,01	25,19 ± 5,91
ADL (% MS)	7,13 ± 0,66	1,14 ± 0,64

NDF: Neutral Detergent Fiber, **ADF** : Acid Detergent Fiber , **ADL** : Acid Detergent Lignin.

Tableau 21: Composition minérale de la ration.

	Paille	Concentré	Eau
Calcium (g/kg MS)	0,91 ± 0,04	0,43 ± 0,57	91,14
Phosphore (g/kg MS)	0,78 ± 0,04	5,02 ± 0,37	3,24
Magnésium (g/kg MS)	1,61 ± 0,05	2,31 ± 0,03	37,83
Sodium (g/kg MS)	4,06 ± 0,07	0,45 ± 0,18	78,45
Potassium (g/kg MS)	16,42 ± 4,29	5,93 ± 0,12	4,87
Fer (mg/kg MS)	15,59 ± 6,25	15,35 ± 0,15	0,29
Zinc (mg/kg MS)	13,64 ± 2,00	63,34 ± 8,30	-
Cuivre (mg/kg MS)	6,96 ± 1,60	9,13 ± 1,14	-
Manganèse (mg/ kg MS)	11,04 ± 0,03	26,03 ± 0,03	-

Tableau 22 : Composition minérale des pierres à lécher.

Macroéléments	Ca	P	NaCl	Mg			
Oligoéléments mg/kg	Zn 480	S 580	Se 1	Fe 300	I 5	Cu 40	Co 2

La valeur alimentaire des pailles traitées ou non a fait l'objet de plusieurs études. Faisant référence à l'étude de Yakhlef (2003) sur 48 échantillons de pailles mesurés au département de zootechnie de l'INA d'Alger, la valeur alimentaire décrite dans le tableau 23 a été prise comme référence.

Tableau 23 : Valeur alimentaire des pailles.

Paille	Paille non traitée	Paille traitée à l'urée
Na énergie	0.90	1.10
Na azote	0.25	0.80
UFL /kg MS	0.45	0.55
MAD g/kg MS	13	32

Na : Niveau alimentaire ; **UFL** : Unité fourragère lait ; **MAD** : Matière azotée digestible ; **MS** : Matière sèche.

Le traitement de la paille à l'urée (46 N) est effectué sans addition d'uréase, la méthode utilisée est celle des lits superposés décrite par Triki et al. (1998) et Lawrence et al. (2000).

Le traitement est effectué avec 70 kg d'urée alimentaire dans 400 litres d'eau pour une tonne de paille, soit un taux de 7%, générant théoriquement 39 kg d'ammoniac par tonne de paille. La durée de confinement est de 21 jours à une température moyenne de 26°C.

A l'ouverture de la meule, les bottes de paille sont aérées pendant 48 heures, la paille est stockée dans un hangar aéré en vue de son utilisation.

I-3- Déroulement de l'essai :

Les animaux sont conduits intégralement à l'auge, dans les mêmes conditions et répartis en 2 lots. La conduite de l'alimentation s'est étalée sur 8 mois (5 mois de gestation et 3 mois de lactation). Les besoins nutritionnels des brebis durant cette période sont considérés sur la base des valeurs préconisées par l'INRA (1978) et reportées sur le tableau suivant :

Tableau 24 : Besoins des animaux aux différents stades physiologiques (INRA, 1978).

Stades physiologiques		Besoins	
		UFL	MAD (g)
Entretien		0,033 / kg P ^{0,75}	2,52 / kg P ^{0,75}
Croissance : 50 g / j		0,16	12
Gestation	4ème mois	0,0082/ Kg P ^{0,75}	0,63 g / Kg P ^{0,75}
	5ème mois	0,016/ Kg P ^{0,75}	1,2 g/ Kg P ^{0,75}
Lactation	1ème mois	0,60	100
	2ème mois	0,68	100
	3ème mois	0,83	100

UFL : Unité fourragère lait ; MAD : Matières azotées digestibles.

Le tableau 25 résume le mode de distribution des régimes alimentaires aux 2 lots durant toute la durée de l'expérimentation.

Tableau 25 : Chronologie de distribution des aliments aux différents stades physiologiques.

Stade physiologique	Paille (g/j)		Concentré (g/j)	
	Lot PNT	Lot PT	Lot PNT	Lot PT
1, 2 et 3ème mois de gestation	A volonté		200	100
4ème mois de gestation			300	200
5ème mois de gestation			400	300
Lactation			500	400

PNT : paille non traitée, PT : paille traitée.

Le fourrage grossier et l'eau sont distribués à volonté, le concentré est distribué deux fois par jours.

I-4- Période d'accoutumance :

Les brebis des deux lots ont été adaptées progressivement aux deux régimes durant les deux semaines qui ont précédé l'expérimentation, la paille non traitée a été substituée progressivement par de la paille traitée à l'urée pour le lot expérimental.
Avant l'essai, les animaux retenus ont été déparasités par L'IVOMEC.

Afin d'assurer une meilleure maitrise de la conduite de l'alimentation aux différents stades physiologiques des animaux, la conduite de la reproduction avait été basée sur la synchronisation des chaleurs qui repose sur l'utilisation d'éponge vaginale imprégnées de 40 mg d'acétate de fluorogestone (FGA) et d'injections intramusculaires de 500 UI de PMSG (Pregnant Mare Serum Gonadotropin) au moment du retrait des éponges, après 14 jours de traitement .La saillie est naturelle, elle a été utilisée en lutte libre à raison de cinq brebis par bélier. Les béliers ont été introduits 48 heures après le retrait des éponges, pour une période de deux jours. 15 jours après la première saillie, les béliers ont été réintroduit pour d'éventuels retours en chaleurs.

II- Méthodes analytiques :

II-1- Analyses fourragères :

Les analyses classiques de la composition chimique des différents aliments ont été réalisées au laboratoire du département des sciences agronomiques de l'université de Batna.

II-1-1- Composition chimique des fourrages :

Selon Lapeyrone (1982), la proportion des différents constituants organiques fournis par l'analyse permet de déterminer sa valeur nutritive. Les opérations d'analyse comprennent les dosages suivants : matière sèche (MS) ; matières minérales (MM), matières azotées totales (MAT), matière grasse (MG) et cellulose brute (CB). Les extractifs non azotés (ENA) étant obtenus par différence.

Tout produit végétal est constitué de cellulose dont les éléments protoplasmiques et membranaires ont des compositions différentes. La membrane est constituée de cellulose vraie, dont le degré de polymérisation en hémicellulose, en lignine et en substances pectiques varie avec l'âge et l'organe considéré.

II-1-2 –Valeur nutritive :

C'est le pourcentage ou quantité de l'élément considéré par unité de masse de l'aliment (Meyer, 2009). La valeur nutritive d'après Whitteman (1980) et Clément (1981), c'est la capacité d'un aliment ou d'une ration à couvrir les besoins nutritionnels d'un animal. Selon Soltner

(1986), la valeur nutritive représentée par la valeur énergétique et la valeur azotée, dépend surtout de la digestibilité et de la matière organique de l'aliment.

II-1-3-Détermination de la composition chimique :

Les échantillons des aliments distribués au cours de l'essai ont été pesés puis placés dans une étuve (environ 48 heures à 60 °C) jusqu'à obtention d'un poids constant. Les échantillons ont été broyés pour déterminer les teneurs en cellulose brute, en matières azotées totales et en matières minérales.

Les analyses chimiques classiques (MS, MM, MAT, CB) ont été réalisées selon les méthodes officielles de l'AOAC (1990); les composés pariétaux par la méthode de Van Soest (1967).

II-1-4- Méthodes analytiques :

Avant l'analyse proprement dite, les échantillons ont fait l'objet de pesées à l'état humide et après dessiccation, broyage sont conservés dans des boites hermétiques.

a- Matière Sèche (MS) :

La matière sèche est habituellement obtenue par dessiccation de 5 g de l'échantillon dans une étuve préalablement réglée à 105°C pendant 24 heures.

b- Matières Organique et Minérale (MO et MM) :

La teneur en cendres brutes est obtenue après incinération de 2 g de matière sèche de l'échantillon (aliment) dans un four à moufle à une température de 550°C pendant cinq heures.

La calcination complète doit produire des cendres blanches ou grises ne renferment plus de particules charbonneuses. Le taux de la matière minérale correspond à la différence de poids qui résulte après la combustion et le refroidissement au dessiccateur. La matière minérale et la matière organique sont exprimées en % de la matière sèche et sont calculées selon les expressions suivantes :

$$\text{MM (\%)} = \frac{Pt-Pc}{Pa} \times 100$$

$$\text{MO (\%)} = 100 - \text{MM\%}$$

Avec :

MM : matière minérale, exprimée en % par rapport à la matière sèche.

MO : matière organique, exprimée en % par rapport à la matière sèche.

Pa : poids de l'échantillon en g.

Pc : poids du creuset vide en g.

Pt : poids du creuset avec l'échantillon après sortie du four en g.

c- Matières Azotées Totales (MAT) :

Les matières azotées englobent toutes les molécules comportant au moins un atome d'azote. En analyse, on distingue des matières azotées non protéiques et des matières azotées protéiques. La teneur en matière azotées totales (N× 6,25) est obtenue après une minéralisation puis une distillation et une titration selon la méthode de Kjeldahl. Le pourcentage en azote total se calcule selon la formule :

$$\mathbf{MAT}(\%) = \frac{(V_1 - V_2) \times 1,4 \times 6,25}{1000} \times \mathbf{100}$$

MAT : matière azotée totale exprimée en pourcentage par rapport à la matière sèche.
V_1 : volume de H_2SO_4 (0,1 N) en ml.
V_2 : volume de NaOH (0,1 N) en ml.

d- Matière Grasse (MG) :

La teneur en matière grasse est déterminée par extraction en continu à l'éther éthylique. Dans un appareil adéquat type (SoxhletTecator) à 06 postes. Cette méthode est plus utilisée en analyse courante, les graisses ainsi dosées se nomment extrait éthéré (EE).
La matière grasse est solubilisée dans l'éther éthylique (50ml). La méthode consiste en la distillation de l'échantillon d'aliment en poudre (1,5g), mélangé avec (1,5g) de sulfate de sodium anhydre pendant une heure à 110°C. Séparation de l'éther volatil, et quantification de la matière grasse par pesée, après évaporation complète de l'éther à l'étuve. La teneur en matière grasse est calculée selon l'expression :

$$\mathbf{MG}(\%) = \frac{P_1 - P_0}{P_e} \times 100$$

MG : matière grasse exprimée en (%) par rapport à la matière sèche.
P0 : poids de la capsule vide en g.
P1 : poids de la capsule après l'extraction en g.
Pe : poids de la prise d'essai en g.

e - Cellulose Brute (CB) :

La teneur en cellulose brute est quantifiée selon la méthode de Weende (Fiber system 1010, Heat Extractor) ou 2g de matière sèche sont soumis à deux hydrolyses successives l'une acide (H_2SO_4, O,26N) pendant 40 minutes et une autre basique (KOH, 0,23N) pendant 30 minutes. Après hydrolyse, les échantillons sont étuvés pendant 24 heures à 105°C, puis calcinés pendant 5 heures à 550°C.

La cellulose brute est calculée selon la formule suivant :

$$CB(\%) = \frac{Pse - Psf}{Pe} \times 100$$

Avec :

CB : cellulose brute exprimée en pourcent de la matière sèche
Pse : poids de l'échantillon à la sortie de l'étuve en g.
Psf : poids de l'échantillon à la sortie du four en g.
Pe : poids de la prise d'essais en g.

f- Parois totales (NDF : Neutral Detergent Fiber) :

Les parois totales ont été déterminées par la méthode de Van Soest (1963) après attaque de l'échantillon par une solution NDF dans un fibertec. Le principe de la méthode consiste en une hydrolyse à chaud d'un échantillon en présence d'un détergent neutre, selon la méthode suivante :

Le réactif utilisé est un détergent neutre (solution NDF) qui est préparé de la manière suivante : dissoudre dans 1 litre d'eau distillée ; 30g de sodium dodecyl sulfate (SDS) ; 18,61g de di-sodium di-hydro éthyl di-amino neutracétate (EDTA) ; 6,81g de sulfate de sodium décahydraté ; 10 ml d'éthoxy éthanol (éther pur : anti-mousse) et 4,56 g de sodium hydrogénophosphate).

• **Mode opératoire et calcul :**

Dans un creuset préalablement pesé (P_0), on pèse 1g d'échantillon en double (E). On ajoute 100 ml de la solution NDF et on laisse agir à chaud sur une rampe à hydrolyse pendant une heure. On lave 3fois à l'acétone .On filtre et on sèche dans l'étuve à 105°C pendant 24 heures (P_1).

La teneur en NDF de l'échantillon est déterminée par l'expression :

$$NDF(\%) = \frac{P1 - P0}{E \times MS} \times 100$$

Avec : **NDF** : Neutral Detergent Fiber en %
P0 : poids du creuset vide en g.
P1 : poids du creuset et de l'échantillon en g.
E : poids de la prise d'essai en g.
MS : Matière sèche en %.

g- Acid Detergent Fiber (ADF) :

L'opération a été réalisée sur le résidu NDF, elle permet de déterminer le pourcentage des hémicelluloses.

Pour un litre de solution ADF il nous faut :
- 20 g de CTAB (Cetyl Trimethyl Ammonium Bromide) ($C_{19} H_{42} Br N$)
- 30 ml de H_2SO_4 (0.5 N)

Dans un bécher de 1000 ml, mettre le CTAB avec une quantité suffisante d'eau distillée, ajouter l'H_2SO_4 en agitant doucement et avec précaution car il dégage une forte chaleur. Laisser refroidir puis compléter le volume avec de l'eau distillée jusqu'à un litre.

- **Mode opératoire :**

Procéder de la même façon décrite pour le dosage de la cellulose brute sauf que la durée d'attaque est d'une heure (on conserve le résidu ADF pour l'analyse ADL).

La teneur en ADF est calculée comme suit :

$$ADF\% = [(P_1-P_2) / (PE \times MS_a)] \times 100$$

% ADF : pourcentage ADF exprimée en % de la MS
P_1 : poids du creuset en porcelaine + résidu NDF après séchage à l'étuve à 105°C en g
P_2 : poids du creuset en porcelaine + résidu ADF après séchage à l'étuve à 105°C en g
PE : prise d'essai en g
MS_a : % MS_a /100.

h- Acid Détergent Lignin (ADL) :

Ce dosage permet également de déterminer le pourcentage de cellulose. La fraction lignine est obtenue par attaque à froid du résidu ADF par l'acide sulfurique à 72%. Après 3 heures d'hydrolyse, rincer à trois reprises chaque creuset avec de l'eau distillée chaude et l'acétone, sécher à l'étuve à 105°C pendant 24 heures, laisser refroidir, peser (P_1) et enfin calciner dans un four à moufle à 450 pendant 3 heures et noter leurs poids (P_2) après refroidissement.

La teneur en ADL est ainsi calculée comme suit :

$$\text{ADL \%} = (P_1 - P_2) / (PE \times MS_a) \times 100$$

% ADL : pourcentage de lignine exprimée en % de la MS
P_1 : poids du creuset en porcelaine+ résidu NDF après sortie étuve
P_2 : poids du creuset après calcination en g
PE : prise d'essai en g
MS_a = % MS_a / 100.

La teneur en cellulose est calculée comme suit :

$$\text{Cellulose \%} = \text{ADF\%} - \text{ADL\%}$$

i- Détermination de la teneur en éléments minéraux :

Sous la forme organique, les minéraux ne sont généralement pas dosables. De ce fait, leur dosage consiste à minéraliser dans un premier temps la fraction organique par calcination sèche ou par digestion humide. Le dosage sera par la suite réalisé soit par spectrophotométrie dans le visible à 430 nm pour le phosphore, soit par spectrophotométrie d'absorption atomique pour les autres minéraux.

- **Mode opératoire :**

Dans des béchers, peser 1g de chaque échantillon avec une répétition et ajouter 10 ml d'acide nitrique pur (1N) pour chacun tout en agitant avec des baguettes en verre, les couvrir avec des verres de montre et laisser pour l'attaque à froid pendant une nuit. Le lendemain les mettre sur le bain de sable jusqu'à la disparition des fumées de NO_2, laisser refroidir puis ajouter 3 ml d'acide perchlorique à 70%. Remettre dans le bain de sable et laisse jusqu'à réduction d'un tiers du volume initial de la solution. Le contenu est filtré après refroidissement dans des fioles de 50 ml, compléter le volume avec de l'eau distillée jusqu'au trait de jauge, les transférer dans des flacons plastiques propres hermétiquement fermés puis, les conserver dans un réfrigérant à 2°C jusqu'au moment des analyses.

Pour chaque élément à doser, préparer des solutions étalons ou solution filles à des concentrations connues à partir de la solution mère à 1000 ppm (1g/l) puis la solution intermédiaire 10 mg/l. Passer les étalons par ordre croissant de concentration dans l'appareil qui aspire ces liquides à travers un tube très fin, et les absorbances correspondantes aux différentes solutions filles sont mémorisées par l'ordinateur pour tracer les droites d'étalonnage.

Pour les micros éléments, l'extrait de digestion préparé précédemment est passé directement pour la lecture à travers l'aspirateur de l'appareil. Par contre, pour les macroéléments, faire des dilutions pour être dans la zone linéaire de la droite d'étalonnage, sachant que les dilutions différent d'un élément à un autre et d'un échantillon à un autre. Si la gamme d'étalonnage ne produit pas une courbe suffisamment linéaire, il est impératif de la refaire en modifiant le facteur de dilution.

Les concentrations des différents éléments minéraux sont calculées en prenant en considération les absorbances des échantillons, la pente, la prise d'essai corrigé par rapport à la matière sèche, le volume de dilution et le facteur de dilution s'il existe.

$$[C] = [(Abs / P) \times FD \times VD] / PE$$

Abs: l'absorbance des échantillons
P: la pente
FD : facteur de dilution
VD : volume de dilution
PE : prise d'essai en g
[C] : la concentration de l'élément g / Kg de MS.

i_1- Dosage du phosphore :

Il se fait après incinération, attaque par l'acide nitrique de l'échantillon et son traitement avec le réactif nitro-vanado-molybdate qui forme avec lui un complexe coloré dont l'absorbance est mesurée par spectrophotométrie à 430 nm.

- **Réactifs :**

- Acide nitrique concentré (HNO_3) (1N)
- Solution de vanadate d'ammonium (NH_4VO_3) : 2,5g de vanadate d'ammonium dans 500 ml d'eau distillée bouillie, laisser refroidir et ajouter 20 ml d'acide nitrique concentré puis compléter avec l'eau distillée jusqu'au trait de jauge 1000 ml.
- Solution de molybdate d'ammonium [$(NH_4)_6 MO_7O_{24} 4H_2O$] : 50g de molybdate d'ammonium sont dissoutes dans 500 ml d'eau distillée chauffée, transférer le contenu dans une fiole de 1000 ml et compléter avec l'eau distillée jusqu'au trait de jauge.
- Solution mère de phosphore 1 g/l : dissoudre 4,3942 g de phosphate monobasique de potassium (KH_2PO_4 : PM = 136,09) dans un litre d'eau distillée. A partir de cette solution mère nous préparons une série de dilutions standards : 0,5 ; 15 ; 25 et 35 ppm.

- **Mode opératoire :**

Peser avec précision 1g de chaque échantillon avec une répétition pour chacun dans des creusets en porcelaine et mettre dans l'étuve à 110 °C pendant 24 heures puis, les calciner dans un four à moufle à 450 °C pendant 2 heures. Après refroidissement, ajouter dans chacun d'eux 10 ml d'acide nitrique (1N), les transférer dans des béchers et faire bouillir pendant 30 minutes. Laisser refroidir, filtrer dans des fioles de 50 ml puis porter jusqu'au trait de jauge avec de l'eau distillée et conserver les extraits au réfrigérateur jusqu'au moment des analyses.

De l'autre côté, prendre 5 ml de chaque solution standard de phosphore et mettre dans des fioles de 50 ml, ajouter dans chaque fiole 10 ml du réactif nitro-vanado-molybdate sauf le blanc (0) et compléter le volume avec de l'eau distillée jusqu'au trait de jauge.

Pour les échantillons à analyser, mettre 5ml de chaque extrait dans des fioles de 50 ml, en ajoutant aussi 10 ml du réactif nitro-vanado-molybdate, compléter le reste du volume avec de l'eau.

La concentration en phosphore est calculée comme suit :

$$[CP] = (C \times FD \times VD) / PE$$

[CP] : concentration en phosphore lue au spectrophotomètre = absorbance / pente
FD : facteur de dilution
VD : volume de dilution
PE : prise d'essai en g

II-2- Analyse du lait :

La qualité du lait produit par les deux lots de brebis a été appréciée par le dosage des protéines, du lactose, de la matière grasse et des extrais secs, au début de la lactation, au pic et en fin de lactation. Des échantillons de lait frais obtenus à partir de traites manuelles ont subi des analyses grâce à un appareil de mesure de terrain de type Ecomilk. L'échantillon de lait est homogénéisé par agitation, puis une quantité suffisante est versée dans le bécher de l'appareil, l'électrode de lecture est introduite dans le bécher, après quelques minutes, lecture des résultats affichés sur l'écran de l'appareil.

II-3- Analyses biochimiques :

Les prises de sang ont été effectuées aseptiquement par ponction de la veine jugulaire à l'aide d'aiguilles à usage unique de faible diamètre (Venoject : 0.9) dans des tubes Vacutainer sous vide de 10 ml, entre 8 heures et 9 heures du matin, et sont immédiatement centrifugées à 3000 tours / minute pendant 10 minutes. Deux aliquotes de plasma ont été recueillies à l'aide de pipettes munies d'embouts changés à chaque prélèvement, dans des tubes secs en plastique étiquetés, identifiés et conservés à moins 20°C. Les concentrations circulantes des différents métabolites sanguins ont été déterminées par spectrophotométrie à l'aide des Kits commerciaux (CYPRESS DIAGNOSTICS, Belgique) pour le dosage du glucose, du cholestérol, des triglycérides, des protéines totales, de l'albumine, de l'urée et de la créatinine.

Les échantillons de sang pour analyses ont été prélevés : début gestation (P_1), troisième mois de gestation (P_2), à J120 avant mise bas (P_3), à J7 après agnelage (P_4), un mois plus tard à J30 post partum (P_5) et les deux mois après à J90 (P_6).

Les analyses de sang ont été réalisées au laboratoire central de Biochimie du Centre Hospitalo-Universitaire de Batna. Les dosages ont porté sur les constantes biologiques du métabolisme énergétique (glucose, cholestérol, triglycéride) et du métabolisme azoté (protéines totales, urée, albumine et créatinine).

II-3-1- Méthodes de dosage :
II-3-1-1- Les constantes biologiques :
a- Glucose

Par méthode colorimétrique enzymatique HK G6P-DH /GOD-POD.

- **Principe :**

En présence de glucose-oxydase (GOD-POD) le glucose est oxydé par l'oxygène de l'air en acide gluconique.

$$\beta\text{-D-Glucose} + O_2 + H_2O \xrightarrow{GOD} \text{Acide Gluconique} + H_2O_2.$$

L'eau oxygénée formée réagit, dans une réaction catalysée par la peroxydase, avec le 4-Aminophénazone et le phénol avec la formation d'un dérivé coloré en rose.

$$H_2O_2 + \text{Phénol} + \text{4-Aminophénazone} \xrightarrow{POD} \text{Quinone} + H_2O.$$

b- Cholestérol :

Par méthode colorimétrique enzymatique CHOD-POP.

- **Principe :**

Sous l'action de la cholestérol-estérase, les esters du cholestérol sont scindés en cholestérol et acides gras selon la réaction :

$$\text{Esters de cholestérol} + H_2O \xrightarrow{\text{CHE}} \text{Cholestérol} + \text{acides gras}.$$

Sous l'action de la cholestérol-oxydase, le Cholestérol est transformé en présence de l'oxygène, en Δ 4 - Cholesténone avec formation d'eau oxygénée.

$$\text{Cholestérol} + O_2 \text{ CHOD} \xrightarrow{\text{CHOD}} \Delta 4 - \text{Cholesténone} + H_2O_2.$$

En présence de peroxydase, l'eau oxygénée formée réagit avec l'amino 4-phénazone et le phénol avec formation d'un dérivé coloré rose.

$$2H_2O_2 + \text{Amino 4-phénazone} + \text{phénol} \xrightarrow{\text{POD}} \text{Quinonimine} + 4\ H_2O.$$

c- Triglycérides :

Par méthode colorimétrique enzymatique GPO-POD (Wahlefed et al., 1974 cité par Schimid, 1986).

- **Principe :**

Hydrolyse enzymatique des triglycérides suivie du dosage en colorimétrie du glycérol libéré. L'incubation des tryglycérides avec la lipoproteine-lipase, libère du glycérol et des acides gras.

$$\text{Triglycérides} + 3H_2O \xrightarrow{\text{LPL}} \text{Glycérol} + 3\ \text{RCOOH}.$$

Le glycérol obtenu est converti sous l'action de la glycérol-kinase, en présence de l'ATP, en glycérol-3- phosphate (G3P) et adénosine-5-diphosphate (ADP).

$$\text{Glycérol} + \text{ATP} \xrightarrow{\text{GK}} \text{Glycérol-3-phosphate} + \text{ADP}.$$

Sous l'action de la glycérol-3-oxydase (GPO), le glycérol-3-phosphate est formé en présence de l'oxygène, en dihydroxyacétone-phosphate (DAP) avec formation d'eau oxygénée.

$$\text{Glycérol-3-phosphate} + O_2 \xrightarrow{\text{GPO}} \text{Dihydroxyacétone-phosphate} + H_2O.$$

L'eau oxygénée formée réagit, dans une réaction catalysée par la peroxydase, avec le 4-Aminophénazone et le phénol avec la formation d'un dérivé rougeatre.

$$H_2O_2 + \text{4-Aminophénazone} + \text{p-chlorophénol} \xrightarrow{\text{POD}} \text{Quinone} + H_2O + HCL.$$

d- Urée sanguine :

Par méthode colorimétrique enzymatique à l'uréase.

- **Principe :**

L'urée est hydrolysée enzymatiquement, sous l'action catalytique de l'uréase en ammoniac et CO2.

$$\text{Urée} + H_2O \xrightarrow{\text{Uréase}} 2NH_4^+ + CO_2.$$

L'ammoniac formé, réagit ensuite avec le salicylate et l'hypochlorite de sodium, sous l'action catalytique du nitroprusside de sodium avec formation d'un dérivé coloré vert olive.

$$NH_4^+ + \text{salicylate} + NaClO \xrightarrow{\text{Nitroprusside}} \text{Indophénol}.$$

L'intensité de la coloration développée est proportionnelle à la concentration en urée dans l'échantillon qui est mesurée par photométrie à une longueur d'onde 580 nm. La concentration s'affiche automatiquement après avoir passé chaque échantillon, sur l'écran de l'appareil.

e- Protéines totales :

Par méthode colorimétrique de Biuret.

- **Principe :**

Dans un milieu alcalin, les ions cupriques réagissent avec les liaisons peptidiques des protéines avec formation d'un complexe bleu violet caractéristique.

$$\text{Protéines} + Cu^{++} \xrightarrow{\text{milieu alcalin}} \text{complexe Cu-protéines}.$$

L'intensité de la coloration développée est proportionnelle à la concentration en protéines totales dans l'échantillon qui est mesurée par spectrophotomètre. Les protéines forment avec les ions cuivriques, en milieu alcalin, un complexe coloré. La lecture se fait à une longueur d'onde de 546 nm.

f- Albumine :

Dosée par méthode colorimétrique au vert de Bromocrésol (BCG).

- **Principe :**

L'albumine présente dans l'échantillon réagit avec le vert de bromocrésol en milieu acide, en donnant lieu à un complexe coloré en bleu vert quantifiable par spectrophotométrie ; selon la réaction suivante :

$$\text{Albumine} + \text{BCG} \xrightarrow{\text{pH 4.2}} \text{Complexe albumine-BCG}.$$

L'intensité de la coloration développée est proportionnelle à la concentration en albumine dans l'échantillon qui est mesurée par photométrie à une longueur d'onde 640 nm.

g- Créatinine :

Dosée par méthode colorimétrique cinétique de Jaffé. Pour chaque échantillon, on met dans un tube sec de 5 ml, 500 µl de réactif Ri (acide picrique) et 500 µl de réactif R_2 (Hydroxyde de sodium), les mélanger puis, ajouter 100 µl de plasma. La lecture se fait immédiatement après l'ajout du plasma à une longueur d'onde 492 nm.

Dans un milieu alcalin, la créatinine forme avec le picrate un complexe coloré vert. L'intensité de la coloration développée est proportionnelle à la concentration en créatinine dans l'échantillon.

Les protéines forment avec les ions cuivriques, en milieu alcalin, un complexe coloré. La lecture se fait à une longueur d'onde de 546 nm.

II-4- Les mesures :

II-4-1- Matière Sèche Ingérée (MSI) :

La paille a été distribuée à volonté (15 à 20% de refus). Le concentré a été distribué en 2 repas / jours.

Les ingestions volontaires de paille traitée et non traitée ont été contrôlées quotidiennement durant toute la période de l'essai par pesée des quantités distribuées et celles refusées, après détermination de leurs teneurs en matières sèches. Le concentré distribué a été totalement consommé.

La relation suivante a été utilisée pour déterminer les quantités de matière sèche volontairement ingérée :

$$\text{MSI (g)} = \text{MS distribuée} - \text{MS refusée}$$

II-4-2- Pesée des animaux :

Le poids à la naissance a été noté, puis des pesés hebdomadaires ont été pratiquées jusqu'au servage (90 jours) pour les agneaux des deux lots.

II-4-3- Production laitière :

La production laitière a été estimée au pic de la lactation en se basant sur la différence de poids des agneaux des deux lots avant et après tétées pendant trois jours consécutifs. La veille de la pesée, les agneaux ont été séparés de leurs mères, le lendemain, avant de les relâcher pour vider la mamelle, leurs poids vifs ont été notés à jeûne et après tétée .Une autre séparation a été réalisée pour une deuxième estimation à 17 heures. La production laitière a été estimée à partir de la moyenne des productions des trois jours de mesures.

Une balance électronique d'une portée de 15 kg (5g d'erreur) a servi pour les pesées.

II-5- Analyse statistique :

L'analyse de la variance, suivie du test de Newman et Keuls au seuil de signification de 5% était l'outil statistique utilisé pour la comparaison des moyennes des différents paramètres étudiés.

Chapitre II
Résultats et discussion

Chapitre II
Résultats et discussion

I. Composition chimique :

Les effets du traitement sur la composition chimique des deux pailles sont représentés dans le tableau 26.

Tableau 26 : Composition chimique et pariétale des deux pailles.

	Paille non traitée	Paille traitée	Signification
Matière sèche	94,03 [a] ± 2,87	88,58 [b] ± 1,95	P< 0,01
Matière minérale	2,59 ± 0,28	2,13 ± 0,04	DNS
Matière organique	95,25 ± 3,31	96,92 ± 1,27	DNS
Matière azotée totale	3,45 [a] ± 0,31	14,37 [b] ± 1,01	P< 0,001
Cellulose brute	47,38 ± 3,16	43,67 ± 5,95	DNS
Matière grasse	0,87 ± 0,02	0,86 ± 0,04	DNS
NDF	88,40 [a] ± 0,76	82,2 [b] ± 13,20	P<0,01
ADF	49,56 [a] ± 0,75	45,42 [b] ± 0,66	P<0,01
ADL	7,13 ± 0,66	6,10 ± 0,66	DNS

(a, b) : Les moyennes affectées de lettres différentes dans la même ligne sont différentes au seuil de signification de 5%
NDF: Neutral Detergent Fiber; **ADF:** Acid Detergent Fiber; **ADL:** Acid Detergent Lignin; **DNS:** différence non significative au seuil de signification de 5%.

La teneur en matière sèche de la paille non traitée est de 94 %, alors que celle de la paille traitée est descendue à 88,6 %, soit une diminution statistiquement significative de 6 points. Cette différence en humidité est causée par l'addition d'eau lors du traitement à l'urée.

La variation la plus significative est enregistrée pour le taux d'azote dès lors que l'une des principales raisons du traitement à l'urée est l'enrichissement de la paille en azote dont elle est initialement pauvre. Ainsi, pour une paille contenant à l'origine 3,4% de matières azotées totales, ce qui est comparable aux nombreux résultats rapportés par la bibliographique qui vont de 2,3% (Horton, 1978) à 4,8 (Gallo et Fontenot, 1986) ; 3,9% (Bouguettaya, 1999) à 5,1% (Yakhlef et al., 2002). Le taux de MAT enregistré après traitement à l'urée est de l'ordre de 14%, cette valeur se compare à celle de 15% rapportée par Yakhlef et al. (2002) et Chachoua (2004), par contre elle est élevée par rapport à certains taux antérieurement cités en bibliographie qui sont de l'ordre de 8.4%, 9,4%, 8,3%, 11,4%, 12,64%, 11,3% pour respectivement Saffah et Baballa (1990), Lamrani (1990) ; Chentour (1991) ; Rezzoug (1991) ; Tebibel et Tennah (1992) et Kouache (1997).

Une partie des composés pariétaux représente la partie indigestible de la paille. Le traitement à l'urée améliore cette digestibilité en diminuant la teneur en NDF par destruction des liaisons ligno-cellulosiques et la solubilisation des hémicelluloses. On notera que la teneur en NDF de la paille a diminué de 6,2 points après traitement à l'urée. La comparaison des moyennes NDF des deux pailles étudiées montrent une différence statistiquement significative. La valeur NDF de 82,2% observée pour la paille traitée est supérieure de celles trouvées par Delort-Laval et al. (1978) ; Triki (1996) et Bouguettaya (1999) qui ont enregistré des taux respectifs de 77,4% ; 77,0% et 78,0% pour des pailles traitées à l'urée.

Par contre, Gallo et fontenot (1986) ; Bouaboune (1989), Yakhlef et al. (2002) ont enregistré des taux proches qui sont respectivement de l'ordre de : 85,6% ; 80,2% et 85,4%.

Certains auteurs notent cependant une variabilité très importante de la teneur des pailles de céréales en NDF variant de 60 à 85% (Chenost, 1987) et de 60 à 90% (Sauvant, 1978).

La lignocellulose est constituée pour la plus grande partie de l'hémicellulose, la teneur de la paille non traitée représente un taux de 49,46 % teneur comparable à celle de Jackson (1977) (49%) ; Laoun (1985) (49,4%) ; Saffah et Baballa (1990) (50,6%) ; Bouguettaya (1999) (50,5%) ; Yakhlef et al. (2002) (52,7%). La comparaison des moyennes entre les deux pailles montre une différence non significative. Après traitement on enregistre une diminution d'environ 4 points. La teneur des pailles d'orge en ADF reste toutefois, dans tous les cas, supérieure à 45 % (Bouaboune, 1989) et inférieure à 61% (Pearce et al., 1979).

La lignine est le constituant pariétal le moins présent dans la paille étudiée. Elle représente 7,1%, teneur comparable à celles trouvées par Triki (1996) et Bouguettaya (1999) égales respectivement à 6,6% et 6,8% et nettement inférieure à 10,0 ; 10,1 et 15,2% rapportées par Jackson (1977), Cherif (1988) et Boulanouar (1995) respectivement.

Après traitement des pailles à l'urée, le taux de lignine a diminué de 1 point pour atteindre 6,1%. La même diminution dans des conditions similaires de traitement a été également signalée par respectivement Saffah et Baballa (1990), Lamrani (1990), Triki (1996) et Kouache (1997).

II- Matière sèche de paille ingérée :

L'effet du traitement sur les quantités de matière sèche volontairement ingérée est donné dans le tableau 27.

Tableau 27: Effet du traitement sur la matière sèche volontairement ingérée (g MS/kg $P^{0,75}$).

Lots / Périodes	Témoin	Expérimental	Différences (%)
Début gestation	$54,2^{(b)}$	$62,4^{(a)}$	11,5
Fin gestation	$31,6^{(b)}$	$51,7^{(a)}$	63
2 semaines après mise-bas	$44,2^{(b)}$	$53,5^{(a)}$	12
12 semaines après mise-bas	$52,2^{(b)}$	$60,4^{(a)}$	11

(a,b) : moyennes affectées de lettres différentes dans une même ligne sont significativement différentes au seuil de signification de 5%.

Les quantités de MS de paille volontairement ingérées varient de 54,2 à 52,2 g MS /j /kg $P^{0,75}$ pour le lot témoin lorsque la quantité de concentré varie de 200 g à 500 g respectivement durant le début de gestation, la fin de gestation, 2 et 12 semaines après mise-bas.
Ces valeurs sont inférieures à celles enregistrées pour la paille traitée qui s'établissent en moyenne à 62,4 ; 51,7 ; 53,5 et 60,4 g MS j/kg $P^{0,75}$ quand la quantité de concentré passe de 100 à 400g.
Il est enregistré une différence significative entre les 2 lots (P<0,05) durant toute la période expérimentale.

En dehors de la période de fin de gestation, le traitement à l'urée améliore la matière sèche volontairement ingérée de 11,5% en moyenne. Par contre, l'effet du traitement est beaucoup plus marqué durant la phase critique de fin de gestation ou il a été observé une amélioration de 63%.

Ces taux d'amélioration observés dans cet essai pour la paille traitée à l'urée sont importants, sachant que la plus forte ingestibilité des pailles non traitées algériennes est de 49 g MS/j/kg $P^{0,75}$

L'amélioration de l'ingestibilité par les traitements à l'ammoniac ou à l'urée a été rapportée par plusieurs auteurs. Les traitements aux alcalins, en effet, stimulent l'appétit de l'animal en rétablissant l'équilibre azoté et permet le développement de la microflore du rumen et son activité cellulolytique réduisant ainsi le temps de séjour de la paille (Compling et Murdoch, 1966).

Pour les 2 lots de brebis, la consommation de matières sèches augmente après la mise-bas, elle est consécutive à l'accroissement des besoins pour la production laitière des brebis et à l'accroissement progressif de la capacité du tube digestif (Fell et al., 1972 et Tissier et al., 1975).

Cependant, une diminution des quantités de pailles ingérées est observée en fin de gestation pour les deux lots. Cette tendance à la baisse est en accord avec les observations faites par Hadjpleris et Holumes (1966) ; Theriez et Molenat (1975) et Yahiaoui (1992). Elle s'expliquerait selon Forbes (1970) par une limitation de l'appétit d'ordre physique à cause de la compression du rumen par l'utérus gravide et métabolique, sous l'effet de l'accroissement du taux d'œstrogènes plasmatiques au fur et à mesure que la gestation avance.

L'augmentation dans l'apport du concentré s'est traduite par une baisse de l'ingestion de la paille surtout durant la gestation.

III- Effet du traitement sur le poids à la naissance :

Notons que le taux de mortalité est nul dans le lot paille traitée à l'urée, il s'établit à 4 % pour le lot paille non traitée (1 agneau mort à 8 jours d'âge en raison d'une production laitière insuffisante et l'état critique de la mère). L'évolution pondérale des poids des agneaux à la naissance et à 90 jours est rapportée dans le tableau 28.

Tableau 28: Poids moyen à la naissance et gain de poids moyen quotidien (g) des deux lots.

Lots / Poids	Témoin	Expérimental	ESM	P-Value
Poids à la naissance (Kg)	3,80 [b]	4,55 [a]	0,10	0,001
Poids à 90 jours (Kg)	19,57 [b]	22,77 [a]	0,41	0,04
Gain de poids (g/j)	187 [b]	217 [a]	9,77	0,02

(a,b) : Les moyennes affectées de lettres différentes dans une même ligne sont significativement différentes au seuil de signification de 5%.

Etude expérimentale   *Chapitre II : Résultats et discussion*

Le poids à la naissance des agneaux est fonction du niveau alimentaire des brebis durant les deux derniers mois de gestation. En effet, la croissance du fœtus est très lente au cours des deux premiers tiers de la gestation.

Ainsi, par rapport au poids à la naissance, le poids du fœtus passe de 12,15% à moins 8 semaines à environ 50% à moins 4 semaines.

Selon Robinson et al. (1977), le croit journalier s'accélère et arrive à son maximum pendant les trois dernières semaines de la gestation chez l'ovin.

Le poids moyen vif des agneaux à la naissance est de 3,80 kg et 4,55 kg respectivement pour les agneaux issus de mères alimentées à base de paille non traitée et traitée.

Les poids à la naissance des agneaux du lot paille traitée à l'urée sont significativement plus élevés que ceux des pailles non traitées. Une augmentation de 20% ; malgré un niveau alimentaire plus élevé des brebis du lot témoin (100g de concentré supplémentaire).

Les poids à la naissance des agneaux du lot expérimental sont proches de ceux enregistrés chez des multipares de race Ouled Djellal élevées en steppe par Benhadi (1979) ; Madani (1987) ; Belhadi (1989) ; Chellig (1992) et Nait Athmane (1999) qui rapportent respectivement des valeurs de 3,40 ; 3,37 ; 3,30 ; 3,50 et 3,28 kg comparativement au poids à la naissance de 3kg enregistré par Yakhlef et Triki (1997) avec des multipares élevés en bergerie et alimentés avec de la paille traitée à l'urée complémenté avec 400g de concentré.

Les agneaux de la présente étude paraissent plus performants. Cette performance serait favorable et déterminante pour la croissance pondérale. En effet, d'après Sagot (2007), un écart de 500 g à la naissance se traduit par une variation de la vitesse de croissance. Bien plus, il est établi qu'en relation directe avec l'alimentation des mères durant le dernier mois de gestation, le poids de naissance a, pour tous les types génétiques et toutes les espèces animales, des répercussions sur la production laitière, la croissance et le poids au sevrage (Sagot, 2007).

- **Poids à 90 jours :**

Le poids moyen observé à 90 jours d'âge est plus élevé en paille traitée (19,60 kg VS 22,80 kg). Cette augmentation est statistiquement significative (P<5%). Cette performance est nettement supérieure à celle obtenue par Nait athmane (1999) chez des primipares Ouled Djellal soumises à des conditions expérimentales similaires (10,54 kg).

Cependant, elle est comparable aux moyennes enregistrées à 90 jours par Kerbab (1974) et Madani (1987) respectivement égales à 20,8 et 21,05 kg.

Par contre, Saidene (1977) avait rapporté un poids moyen de 26,69 kg chez la même race.

Les poids des agneaux observés à 90 jours dans le cadre de cet essai correspondent bien au potentiel de la race Ouled Djellal cité par Arbouche (1978) dont le poids est supérieur à celui des autres races algériennes (OROPA, 1980).

IV- Gain de poids moyen quotidien (g/j) :

La vitesse de croissance de la naissance à 90 jours d'âge est significativement plus importante pour les agneaux du lot expérimental puisqu'ils enregistrent un gain moyen quotidien autour de 217g / jour ; soit un accroissement de +16%.

Ces valeurs sont nettement supérieures aux moyennes rapportées par Nait Athmane (1999) et Yakhlaf (2003) pour des brebis primipares de race Ouled Djellal 73,1g / jour contre 80,6g / jours ; et 127g / jour contre 120g / jour respectivement avec des pailles non traitées et des pailles traitées pour les deux auteurs.

Globalement, ces variations de poids des agneaux ne correspondent pas au potentiel de la race Ouled Djellal. Toutefois, la performance observée dans le cadre de cette expérience est comprise dans l'intervalle rapporté par Chellig (1992) pour la même race (120 à 200 g / jour). Le gain de poids moyen observé à 90 jours d'âge pour le lot expérimental (217 g / jour) est comparable aux moyennes, de gain de poids moyen, rapportées par Kerba (1974), Turries (1976) et Saidene (1977) qui notent des gains de poids moyens à 90 jours d'âge de 208, 257 et 266 g respectivement.

Au vue des résultats des différentes citations, le gain de poids (217g / jour), réalisé avec la paille traitée est très performant du moment qu'il dépasse la valeur maximale (200g / jour) rapportée par Chellig (1992) et reflète l'intérêt du recourt au traitement dans le but d'améliorer la valeur alimentaire comme indiqué dans la synthèse (tableau 23) faite par Yakhlef (2003).

V- Production laitière :

Le tableau 29 rapporte la production et la composition du lait permises par les 2 régimes alimentaires.

Tableau 29: Effet de la paille traitée à l'urée sur la production et la composition du lait.

Lots Paramètres du lait	Témoin	Expérimental	MES	P-Value
Quantité Kg/brebis/j	1,04	1,13	0,12	0,64
Matière grasse (%)	8,66	8,80	0,13	0,39
Protéines (%)	4,48 [b]	5,81 [a]	0,60	0,04
Lactose (%)	2,98 [b]	3,59 [a]	0,10	0,02
Extrais secs (%)	11,78 [b]	13,31 [a]	0,39	0,02

(a, b) : Les moyennes affectées de lettres différentes dans une même ligne sont significativement différentes au seuil de signification de 5%.

Les résultats du tableau 29 montrent que le traitement de la paille à l'urée n'apporte pas d'amélioration à la quantité de lait produite et à la matière grasse. Cependant, il montre une augmentation significative sur la teneur en protéines, en lactose et en extraits secs. Les productions laitières au pic de lactation sont estimées à 1,04 ; et 1,13 kg / brebis / jour respectivement pour le lot témoin et le lot expérimental. Ces valeurs corroborent celles enregistrées par Krid (1985) et Benkaidali (1989) qui rapportent des productions respectives de 1,17 et 1,23 kg / jour. La production laitière des brebis du lot expérimental est supérieure à celle rapportée par Yahiaoui (1992) qui a obtenu une production de 0,895 kg / jour avec des primipares alimentées avec de la paille traitée à l'ammoniac. Cette différence peut être attribuée à la parité des brebis. En effet, il faut noter que ces niveaux de production sont élevés car ils ont été obtenus avec des multipares dont la production de lait est reconnue plus élevée que celle des primipares. Elle est aussi largement plus élevée à celles observée par :
- Mahmoudi et Dekiche (1996) sur des antenaises alimentées à base de pailles traitée à l'urée (0,79 kg / jour).
- Kouache (1997) sur des brebis alimentées avec de la paille traitée à l'urée (0,73 kg / jour).
- Nait Atmane (1999) sur des brebis primipares alimentées à base de paille traitée à l'urée (0,80 kg / jour).

Malgré le surplus de concentré (500 g VS 400 g) qui caractérise le régime du lot témoin, on constate tout de même une supériorité dans la qualité du lait produit par les brebis en protéine, en lactose et en extraits secs pour le lot expérimental, qui semblerait être motivée par l'amélioration rapportée par le traitement.

La comparaison de la production laitière permise par la ration et par la variation de poids montre qu'elle est légèrement plus élevée pour le lot expérimental. Parallèlement, l'effet du traitement a été ressenti significativement par la production d'un lait plus riche en protéines, en lactose et en extraits secs .Cette amélioration semble être motivée par les effets conjugués du passage de la teneur en azote de la paille traitée de 3,45 à 14,37 % et notamment de la diminution du taux d'NDF (- 6,1 %) dans la paille traitée. Les conséquences de cette amélioration sont justifiées par le gain de poids observé chez les agneaux du lot expérimental. A priori, l'effet du traitement à l'urée sur la digestibilité décrit par Yakhlef (2003) plaide pour l'amélioration de la qualité du lait et la croissance des agneaux. En effet, d'après Morand-Fehr (1981) cité par Ouachem et al. (2012), tout comme chez la vache et la chèvre, le taux protéique du lait de brebis est étroitement lié au niveau d'alimentation et surtout à la digestibilité.

Conclusion :

Les résultats obtenus dans la présente étude confirment l'amélioration de la valeur alimentaire des pailles traitées et mettent en évidence l'intérêt du traitement à l'urée durant la gestation et la lactation sur la matière sèche ingérée, le poids à la naissance, la qualité du lait et le poids au sevrage.

VI- Etude des paramètres plasmatiques :

La connaissance du profil métabolique des brebis est importante pour préciser leur statut nutritionnel ainsi que pour prévenir les troubles métaboliques qui conduisent à la perturbation de la production et de la reproduction (Balickci, 2007).

Par ailleurs, la teneur sérique en minéraux et en différents indicateurs biochimiques chez les ovins a été largement abordée par Sykes et Fuld, (1974) ; Hajdorevie et al. (1989) ; Pastrana et al. (1991) ; Shine et al. (1995) ; Klinton et Zadnik, (1997).

Deghnouche a étudié en 2011 chez la brebis de race Ouled djellal à différents stades physiologiques les changements des métabolites sanguins en fonction des saisons et de la parité.

Ainsi, le principal objectif de cette étude est d'analyser l'effet du traitement des pailles à 7% d'urée sur plusieurs paramètres des métabolismes énergétique et protéique chez les brebis Ouled Djellal gravides et allaitantes.

VI-1-Evaluation du bilan énergétique :
VI-1-1- Glycémie :

Tableau 30 : Variations de la glycémie durant la gestation et la lactation (mmol /l).

Périodes Lots	Gestation			Lactation			Signification
	P_1	P_2	P_3	P_4	P_5	P_6	
Lot Témoin	2,88 ± 0,13	2,78 ± 0,13	2,79 ± 0,8	3,3 ± 0,2	3,80 ± 0,43	3,1 ± 0,39	P < 0,01
Lot Expérimental	2,79 ± 0,18	2,76 ± 0,23	2,5 ± 0,33	3,07 ± 0,49	3,24 ± 0,52	3,1 ± 0,91	P < 0,01
Valeurs usuelles	Brugere et Picoux (2002) : 2,3 à 4,5 Limia et al. (2012) : 2,3 à 4,2						

Chez les ruminants, le glucose circulant résulte de l'absorption intestinale de glucose et de néoglucogenèse hépatique et dans une moindre mesure rénale. Le glucose absorbé provient d'amidon de la ration qui a échappé à la dégradation ruminale et de glucosanes de réserve des microorganismes de la panse. La néoglucogenèse de l'animal alimenté s'effectue à partir du propionate et du lactate absorbés à travers la paroi du rumen mais aussi, dans une moindre mesure, à partir d'acides aminés et du glycérol (Haddad, 1981).

L'apport énergétique est de loin le facteur alimentaire le plus critique ayant un impact sur la santé, la lactation et la reproduction des animaux. Les paramètres utiles dans l'évaluation du statut énergétique sont le glucose, le béta-hydroxybutyrate (BHB) et les acides gras libres (AGL). La valeur du glucose sérique peut renseigner sur l'apport énergétique de la ration, principalement sur la quantité du précurseur du glucose produit par la biomasse ruminale. Une valeur basse du glucose implique un bilan négatif, par contre, une valeur élevée du glucose est un indicateur d'une acidose du rumen (Chorfi. et Griald, 2005).

Le glucose est une molécule indispensable pour le métabolisme fœto-maternel énergétique cellulaire et lipidique ; métbolisme oxydatif du placenta et du fœtus et de la production laitière (Bell, 1995 ; Khatun et al., 2011). La détermination du niveau du glucose chez la brebis gestante peut indiquer le statut nutritionnel du fœtus et par conséquent prévenir des situations de carence pouvant entraîner des avortements ou la naissance de produits chétifs ou non viables. Il est donc un outil utile pour surveiller la santé et l'état métabolique des animaux.

D'après le tableau 30, les valeurs du glucose sanguin enregistrées pour les 2 lots durant la gestation et la lactation sont dans la limite des valeurs usuelles [2,3 – 4,2]. Nous notons qu'au début de la gestation, la valeur moyenne de la glycémie enregistrée était de 2,88 mmol/l pour le lot 1 et 2,79 ± 0,18 pour le lot 2, par la suite au cours de la dernière semaine précédant l'agnelage. Les valeurs tendent à diminuer légèrement pour passer à 2,79 mmol / l pour le lot 1 et 2,50 mmol / l pour le lot 2, ce qui reflètent une légère hypoglycémie, qui pourrait s'expliquer par une forte consommation du glucose par le fœtus durant cette période (Seidel et al., 2006 ; Smith et al., 2010).

Après le part à j7 post partum, la glycémie augmente d'une façon très significative (P<0,01) pour les 2 lots 3,3 mmol / l pour le lot 1 et 3,07 pour le lot 2, et augmente encore jusqu'à atteindre à j 30 post-partum 3,80 mmol / l pour le lot 1 et 3,24 mmol / l pour le lot 2. Par contre à j 60 post-partum, on note une légère diminution pour les 2 lots.

Nos résultats soulignent donc une influence significative entre les brebis en gestation et en lactation. Ce qui est en accord avec les observations de Hamadeche et al. (1996) avec ceux de Deghnouche (2011), qui ont conclu que la diminution de la glycémie pendant la gestation s'explique par l'augmentation de la perméabilité et l'utilisation du glucose maternel par la ou les fœtus (Tonks et Zwahlen, 1987 ; Sahlu et al., 1995). Toutefois, il a été prouvé que les brebis en lactation avaient des glycémies significativement élevées par rapport aux brebis gestantes respectivement 65,05 mg/dl contre 58,48 mg/dl (Yokus et al. (2006).

Chez les ruminants, une baisse de la réponse des tissus à l'insuline durant la lactation provoque une augmentation temporaire de la glycémie (Sobeich et al., 2008). Cette augmentation pourrait être également attribuée à un apport alimentaire suffisant puisque la quantité de concentré distribuée a été augmentée durant la lactation.

Cette constatation est similaire à celle indiquée par Chiofalo et al. (2005) qui ont étudié l'effet du propylène glycol sur le profil métabolique péripartum et ont noté une augmentation de la glycémie durant le post-partum par rapport au péripartum de (2,19 à 3,04 mmol / l). Nos résultats sont aussi confortés par Henze et al.(1994) ; Shetawi et Daghash (1994) ont observé des glycémies très élevées pendant la lactation. Balikci et al. (2007) ont obtenu des taux de glucose plus bas au 100 et 150ème jour de gestation comparée au 45ème jour post-partum. Il est aussi bien connu que les besoins en glucose après la mise bas excèdent ceux pendant la gestation (Castillo et al., 1999 ; Liu et al., 1999 ; Abderrahmane et al., 2002). Ceci pourrait être expliqué par l'augmentation de la production laitière qui implique la mobilisation du glucose pour la synthèse du lactose du lait (Mc Neill et al., 1998).

La comparaison de la glycémie entre les 2 lots montre une différence non significative, par contre on note une légère baisse des valeurs de la glycémie durant la gestation et la lactation. Chez les animaux du lot expérimental, cette diminution s'expliquerait par le fait que la ration alimentaire est moins énergétique et plus protéique, Haddad (1981), avait noté qu'il n'y a aucune relation avec l'apport protéique d'une ration et la glycémie.

Selon Boucquier et al. (1998), la glycémie chez les ruminants est un paramètre qui n'est pas très sensible aux différences d'apport alimentaire. Alors que selon Meza et al. (2004) et Klimiène et al. (2005), la glycémie est fortement affectée par l'alimentation.

VI-1-2- Cholestérolémie :

Dans le sang, le cholestérol est toujours lié à une protéine et à une ou plusieurs molécules de phospholipides, formant la lipoprotéine. Dans le complexe lipoprotéique, le cholestérol peut être estérifié ou non estérifié. Il peut avoir une origine alimentaire, mais il est surtout synthétisé dans le foie et également dans l'intestin, les surrénales, les testicules les ovaires, la peau et le système nerveux.

Les réactions d'estérification sont en majeure partie hépatique (Haddad, 1981).

Le rôle du cholestérol dans la reproduction est connu à cause de l'étroite relation qui existe entre le taux plasmatique de ce dernier et celui de la progestérone dont la synthèse augmente lorsque les cellules de la granulosa sont chargées en cholestérol. Donc, la concentration plasmatique en cholestérol diminue avec l'augmentation de la progestérone (Spain, 2000).

Les concentrations plasmatiques en cholestérol, mesurées durant les 2 stades physiologiques et pour les 2 lots, sont représentées sur le tableau 31.

Tableau 31 : Variations de la cholestérolémie durant la gestation et la lactation (mmol / l).

Périodes / Lots	Gestation			Lactation			Signification
	P_1	P_2	P_3	P_4	P_5	P_6	
Lot Témoin	1,92 ± 0,2	1,96 ± 0,15	1,65 ± 0,21	1,78 ± 0,21	1,86 ± 0,21	1,68 ± 0,28	P < 0,05
Lot Expérimental	1,80 ± 0,26	1,83 ± 0,18	1,34 ± 0,28	1,55 ± 0,18	1,75 ± 0,26	1,52 ± 0,39	P < 0,05
Valeurs usuelles	Brugère – Picoux (2002) : 1,34 à 1,96 Mollereau et al. (1995) : 1,3 à 3,6						

Le tableau ci-dessus indique que le taux du cholestérol durant les différentes périodes étudiées de la gestation et de la lactation pour les 2 lots est dans les normes citées par Brugère–Picoux (2002). Notons toutefois que les brebis gestantes ont des cholestérolémies plus élevées que les brebis allaitantes.

Par contre, l'étude statistique n'a pas révélé de différences significatives ($P<0,05$) entre les brebis gestantes et les brebis allaitantes et entre les 2 lots.

L'observation des résultats obtenus montre une diminution de la cholestérolémie juste avant la parturition de 1,65 mmol / l et 1,34 mmol / l respectivement pour le lot temoin et le lot expérimental. La baisse significative du cholestérol total en fin de gestation a été signalée chez d'autres espèces : vache (Tainturier et al., 1984 ; Bekova et al., 1987) ; la chèvre (Krajnicakova et al., 2003).

Yokus et al. (2006) ont aussi montré une diminution significative de ce paramètre chez les brebis en fin de gestation et en début de lactation.

Ceci est probablement lié au rôle de ce métabolite dans la synthèse des stéroïdes ovariens.

Par ailleurs, pendant la lactation, nos résultats augmentent jusqu'à atteindre la valeur de 1,86 mmol / l et 1,75 mmol / l respectivement pour le lot témoin et lot expérimental.

Pendant la lactation, la stimulation de la lipogenèse par l'insuline devient inefficace, ce qui est confirmé par la diminution significative du cholestérol total pendant le postpartum par rapport au début de la gestation tel que apporté par Watson et al. (1993), en raison d'une augmentation de l'activité de la lipase lipoprotéine compatible avec l'induction des enzymes dans le tissu mammaire pour la synthèse des graisses du lait.

De la comparaison des résultats des deux lots, il ressort que le régime riche en concentré montre une cholestérolémie plus élevée durant la gestation et la lactation ; cette augmentation témoigne d'une meilleure capacité de synthèse du foie.

VI-1-3-Triglycérides :

Dans les cellules intestinales, la majorité des acides gras sont unis au glycérol pour former des triglycérides. Les lipoprotéines riches en triglycérides sont absorbées dans les vaisseaux lymphatiques. Ce n'est qu'à la jonction thoracique qu'elles rejoignent la circulation sanguine. Cette absorption est unique parce que contrairement à la plupart des autres nutriments, les lipides entre dans la circulation sanguine générale et sont utilisées par les tissus du corps sans être d'abord métabolisés par le foie. En cas de sous-alimentation sévère, un des phénomènes essentiels est constitué par la dégénérescence graisseuse du foie, le taux des triglycérides augmente vingt fois. Le foie est incapable d'augmenter la sécrétion de lipoprotéines capables de porter cette graisse en dehors du foie. La surcharge hépatique est un facteur important à considérer pendant la sous-alimentation mais aussi pendant le rétablissement et la réalimentation (Payne, 1983). Les concentrations plasmatiques en triglycérides mesurées durant les différentes périodes de l'essai sont représentées dans le tableau 32.

Tableau 32 : Variations des triglycérides durant la gestation et la lactation (g / l).

Périodes / Lots	Gestation			Lactation			Signification
	P_1	P_2	P_3	P_4	P_5	P_6	
Lot Témoin	0,17 ± 0,01	0,31 ± 0,02	0,33 ± 0,01	0,19 ± 0,08	0,13 ± 0,01	0,14 ± 0,01	P < 0,05
Lot Expérimental	0,18 ± 0,01	0,29 ± 0,01	0,34 ± 0,01	0,20 ± 0,02	0,13 ± 0,04	0,19 ± 0,01	P < 0,05
Valeurs usuelles	Ruckebusch (1989) : 0,40 à 1,50 Mollereau et al. (1995) : 0,14 à 0,44						

L'observation du tableau 32 montre que la concentration plasmatique des triglycérides est inférieures aux valeurs décrites par Ruckebusch (1989) et Ndontamia et Ganda (2005) mais restent dans la fourchette des normes citées par Mollereau et al. (1995). L'étude statistique révèle une différence non significative ($P < 0,01$) où les taux les plus élevées (0,34 mmol / l et 0,33 mmol/l) ont été observés vers la fin de gestation pour les animaux des 2 lots. La comparaison des moyennes entre le lot paille non traitée et le lot paille traitée montre une différence non significative, par contre on note une augmentation en faveur du deuxième lot durant le dernier mois de lactation (0,19 VS 0,14).

VI-2- Evaluation du bilan azoté :

L'évaluation du statut protéique d'un groupe d'animaux est plus difficile que celle du bilan énergétique. Il n'y a aucun métabolite mesurable qui reflète directement le statut protéique. En conséquence, une combinaison des paramètres est utilisée, comprenant l'urée, l'albumine et les protéines totales.

La concentration de l'urée sérique est influencée par : l'apport protéique de la ration, les protéines dégradables de la ration, la fonction hépatique et celle des reins, le catabolisme musculaire et la quantité d'hydrate de carbone de la ration. Une valeur élevée de l'urée est généralement associée à une alcalose ruminale. Les protéines totales et l'albumine reflètent la disponibilité en acides aminés provenant des protéines alimentaires et la biomasse ruminale (Chorfi et Girard, 2005).

VI-2-1- Variation de la protéinémie :

Tableau 33: Les variations des protéines totales (g/l).

Périodes Lots	Gestation			Lactation			Signification
	P_1	P_2	P_3	P_4	P_5	P_2	
Lot Témoin	67,90 ± 1,11	65,83 [b] ± 1,04	62,82 [b] ± 1,80	64,37 [b] ± 2,16	65,01 [b] ± 3,4	66,98 [b] ± 4,2	P < 0,05
Lot Expérimental	67,32 ± 6,50	70,32 [a] ± 6,50	72,09 [a] ± 4,1	78,09 [a] ± 3,13	74,37 [a] ± 9,25	74,80 [a] ± 7,13	P < 0,05
Valeurs usuelles	Haddad (1981) : 72. Mollereau et al. (1995) : 57 à 90. Brugere Picoux (2002) : 60 à 79. Dubreuil et al. (2005) : 61, à 71. Ndoutamia et Ganda (2005) : 66,5.						

(a,b) : moyennes affectées de lettres différentes dans une même colonne sont significativement différentes au seuil de signification de 5%.

Les protéinémies obtenues dans notre étude, pour les 2 lots et durant les 3 périodes, sont dans les limites des valeurs décrites par les auteurs cités dans le tableau ci-dessus.

Par contre, dans le même lot, à l'exception d'une baisse observée durant la fin de gestation (62,82 g/l) pour le lot témoin, la protéinémie moyenne observée est relativement stable durant la gestation et la lactation : ceci est en accord avec les observations de Baumartner et Pernthane (1994) ; Roubies et al. (2006) et Yokus et al. (2006), qui n'ont pas décrit d'effet significatif du stade physiologique sur la protéinémie.

La comparaison des moyennes entre les 2 lots montre des différences significatives (P<0,05) à partir du premier trimestre de gestation (P2) jusqu'au sevrage (P6).

Les animaux du lot expérimental montrent une protéinémie plus élevée par rapport au lot témoin. Ces résultats obtenus confirment nos attentes puisque ces animaux disposent d'une quantité plus importante d'azote fermentescible dans leur régime alimentaire. Ces résultats sont en accord avec El-sherif et Assad (2001) ; Meziane (2001) et Piccione et al. (2009) qui ont décrit une augmentation significative de la protéinémie chez les brebis gestantes.

Etude expérimentale   *Chapitre II : Résultats et discussion*

D'autre part, Yokus et al. (2006) n'ont pas signalé un effet notable de la saison donc du type d'aliment sur la concentration sérique de ce métabolite.

VI-2-2- Variation de l'urémie :

Tableau 34: Les variations de l'urémie (mmol/l).

Périodes / Lots	Gestation			Lactation			Signification
	P_1	P_2	P_3	P_4	P_5	P_6	
Lot Témoin	4,5 ± 1,3	4,8 ± 0,8	3,9 [b] ± 1,5	5,6 [b] ± 1,2	5,8 [b] ± 0,3	6,4 [b] ± 0,3 [b]	$P < 0,05$
Lot Expérimental	4,9 ± 1,7	5,1 ± 1,3	8,3 [a] ± 4,2	10,6 [a] ± 5,6	9,1 [a] ± 0,14	8,8 [a] ± 4,4	$P < 0,05$
Valeurs usuelles	Caballero (2003) : 6,64 Ndoutamia et Ganda (2005) : 5,3. Golmahi et al. (2006) : 3,57 à 9,19. Yarmi (2009) : 4,4 à 5,9.						

(a,b) : moyennes affectées de lettres différentes dans une même colonne sont significativement différentes au seuil de signification de 5%.

L'urée est le meilleur indicateur du niveau des réserves corporelles, sa concentration est corrélée à la quantité des protéines de l'organisme.

Les valeurs obtenues de l'urémie sont situées dans l'intervalle cité par Golmati et al.(2006) (tableau 34), à l'exception du lot expérimental en début de lactation où il est enregistré des valeurs de l'urée plasmatique supérieures à 9,19 égale à 10,6 mmol/l.

Malgré des différences qui paraissent importantes, les valeurs enregistrées restent normales. Bien que les analyses statistiques font apparaître quelques différences significatives notamment pour le lot expérimental.

Le lot expérimental montre donc une urémie plus élevée qui serait peut être liée à un excès d'acides aminés dans le sang résultant de la richesse de la ration alimentaire en azote. Cette augmentation est la conséquence de la métabolisation en urée de l'ammoniac absorbé à travers la paroi du rumen.

L'augmentation significative de la concentration plasmatique en urée chez les brebis en début de lactation (10,6 mmol / l) pourrait indiquer une certaine perturbation dans la fonction du foie, car pendant la gestation et dans certaines situations de stress, l'urée est un indicateur du niveau des réserves corporelles (Seidal et al., 2006).

Dans cette étude, nous avons constaté une augmentation de la concentration plasmatique en urée chez les animaux du lot expérimental et notamment en fin de gestation et en lactation. Ces résultats sont en accord avec ceux de Brozostowski et al. (1996) ; Tunovic et al. (2002) et même avec ceux de Karapehlivan et al. (2007) et Haffaf (2009) qui ont montré que l'urémie a tendance à augmenter durant le post-partum. Cette tendance suggère une augmentation de l'absorption de l'ammoniac dans le rumen au cours de cette période qui aboutit à la détoxification de plus grandes quantités d'ammoniac dans le foie pour former l'urée (Kaneko et al., 1997 cités par Alvarez – Rodriguez et al., 2009).

En outre, ces constatations soutiennent l'hypothèse que les changements dans les concentrations sériques d'urée pendant la lactation pourraient être dépendants de la synthèse du lait (El sherif et Assad, 2001) qui nécessite la mobilisation d'une part importante d'énergie.

Dans notre cas, juste avant la mise bas et pendant la lactation, les résultats de l'urémie montre que cette dernière prend des valeurs extrêmes par rapport à celle du lot témoin ceci est en accord avec les observations rapportées par Sykes et Field (1973) cités par Njoya et Awa (1993) et par Alvarez – Rodriguez et al. (2009) qui ont attribué l'augmentation de l'urée à la suralimentation protéique, qui a provoqué une augmentation de production d'ammoniac dans la panse et un excès de composés azotés exogènes qui devaient être utilisés pour la synthèse microbienne et qui ne pouvaient pas être stockés. Cette constatation montre que la paille traitée à l'urée a augmentée l'ammoniogénèse ruminale et que les quantités utilisées par les microorganismes du rumen à cause de capacités de synthèse limitées probablement par un apport restreint d'énergie. En effet, durant ces périodes l'énergie disponible est utilisée pour la couverture des besoins importants du fœtus durant la fin de gestation et pour la synthèse du lait au cours de la lactation.

Ceci suggère, la révision de l'apport énergétique de la ration au cours de ces périodes critiques pour favoriser une meilleure prise en charge de l'ammoniac libéré et optimiser la synthèse microbienne.

VI-2-3- Variation de l'albuminémie :

Tableau 35: Les variations de l'albuminémie (g/l).

Périodes / Lots	Gestation			Lactation			Signification
	P_1	P_2	P_3	P_1	P_2	P_3	
Lot Témoin	26,1 ± 0,88	25,08 ± 0,43	26,7$^{(b)}$ ± 2,66	26,9$^{(b)}$ ± 4,45	32,3 ± 4,21	31,0 ± 5,41	$P < 0,05$
Lot Expérimental	27,13 ± 0,68	27,98 ± 1,78	32,05$^{(a)}$ ± 5,34	29,45$^{(a)}$ ± 4,77	34,3 ± 6,89	30,9 ± 6,4	$P < 0,05$
Valeurs usuelles	Baumgartner et Pernthaner (1994) : 21 à 38. Brugere - Picoux (2002) : 24 à 30.						

(a,b) : moyennes affectées de lettres différentes dans une même colonne sont significativement différentes au seuil de signification de 5%.

L'albumine est une protéine synthétisée dans le foie. Elle sert au maintien de la pression oncotique et à d'autres fonctions telles que le transport des hormones thyroïdiennes, les vitamines liposolubles, les acides gras libres, le calcium et la bilirubine non conjuguée, et fournisseur d'acides aminés pour les tissus et les organes. Elle est aussi utilisée avec les protéines totales comme un indicateur de la nutrition protéique (Sakkinen et al., 2005).

La relation directe entre l'état nutritionnel, ou plus spécifiquement l'apport en protéines, et la concentration d'albumine sérique est bien connue (Hoffman et al., 2001, cités par Caldeira et al., 2007).

Les valeurs de l'albuminémie obtenues dans cette étude (25 à 34 g/l) sont dans les limites des normes internationales citées par Baumgartner et Pernthaner (1994) et Brugere-Picoux (2002) qui varient respectivement de 21 à 38 g / l et de 24 à 30 g / l.

Notons que les brebis gravides des 2 lots montrent des valeurs relativement inférieures aux brebis allaitantes, ce qui confirme les observations décrites par Antunovie et al. (2004) qui ont signalé des concentrations en albumine sérique significativement plus élevées chez les brebis allaitantes que chez les brebis gravides ou vides. D'autre part, il a été rapporté par El-sherif et Assad (2001) une augmentation de l'albuminémie et du rapport albumine globuline pendant la lactation comparé à la période de tarissement.

Contrairement aux constatations faites par Shetaewi et Daghash (1994) et par Deghnouche (2011) (33,32 VS 30,21 g/l) qui ont démontré une diminution des taux sériques de l'albumine pendant la lactation comparativement à la gestation.

L'étude statistique et la comparaison des moyennes entre les 2 lots révèlent des différences significatives au cours de la gestation entre les 2 lots.

L'albuminémie dans la présente expérience parait être significativement affectée par le régime alimentaire puisque on enregistre des valeurs plus élevées chez le lot expérimental, ce qui est en agrément avec les résultats de Hoglund et al. (1992) et Hoffman et al. (2001) qui rapportent qu'il y a une relation directe entre le statut nutritionnel ou précisément entre l'ingestion des protéines et le taux sérique d'albumine.

Comme l'albumine constitue un indicateur nutritionnel, il est probable que de meilleures conditions d'alimentation des animaux engendrent des augmentations de ce paramètre.

Par ailleurs, Jainudeen et Hafez (1989) rapportent que l'albumine ne représente pas une source importante d'acides aminés pour le fœtus et la mère

VI-2-4- Variation de la créatinémie :

Tableau 36: Les variations de la créatinémie (mg/l).

Périodes / Lots	Gestation			Lactation			Signification
	P_1	P_2	P_3	P_1	P_2	P_3	
Lot Témoin	10,39 ± 0,39	11,9 ± 0,45	10,7 ± 1,1	10 ±1,9	10,3 ± 1,7	9,7 ± 1,4	P < 0,05
Lot Expérimental	10,60 ± 1,4	11,1 ± 1,2	9,6 ± 1,6	11,5 ± 1,1	10,7 ± 1,4	9,1 ± 1,6	P < 0,05
Valeurs usuelles	Brugere - picoux (2002) : 12 à 29. Dubreuil et al. (2005) : 6 à 13. Baumgartner et Pernthaner (1994) : 6 à 12.						

La créatinine est formée dans le muscle, elle est positivement corrélée avec la teneur de l'organisme en créatine qui dépend directement de la masse musculaire ainsi que de l'état corporel et aussi avec le taux de la protéolyse et de l'utilisation de l'azote endogène (Caldeira et al., 2007$_a$).

Pour Piccione et al. (2009), les teneurs plasmatiques en créatinine ne sont pas affectées ni par l'apport protéique, ni par le dysfonctionnement hépatique, ni par le cycle hépatique de l'urée. Alors que pour Antinivie et al. (2011$_a$), la créatinine avec les protéines totales, l'albumine et l'urée, pourrait être utile comme élément indicateur de l'apport protéique. La créatinine est un paramètre de choix dans l'évaluation de la fonction rénale (Dias et al., 2010 ; Tabatabaci, 2012).

Les valeurs de la créatinémie obtenues pour les 2 lots sont dans l'intervalle des normes citées par Baumgartner et Pernthaner (1994) et Dubreuil et al. (2005) et sont en accord avec celles trouvées par Deghnouche (2011) pour la même race qui varie de 9,94 à 11,21 pour les brebis gravides et entre 9,25 et 10,15 pour les brebis allaitantes.

Cependant, ces valeurs sont faibles par rapport à celles citées par Brugere-Picoux (2002). La comparaison des moyennes de la créatinémie n'a pas montré de différence significative entre les 2 lots. Les concentrations sériques de la créatinine rapportées dans le tableau 36 reste stable chez les brebis des deux lots ce qui confirme les constations de Shaewi et Ross(1991) ; Sakkinen et al.(2001) ;Caldeira et al.(2007) qui ont conclus que ces dernières restaient stable sous différents régimes alimentaires.

Haddad et al. (1981) et Meziane (2001) ont noté que la créatinémie augmentait avec l'âge. Par contre, dans une étude ultérieure, Caldeira et al. (2007$_a$) ont décrit une augmentation de cette dernière chez les brebis soumises à une sous nutrition et ayant des notes d'état corporel de 1 et 2, cependant, l'inverse est observé chez les brebis ayant des notes d'état corporel de 3 où on a rapporté une diminution de ce paramètre (Deghnouche, 2011).

Les variations sans grande importance enregistré et l'absence d'une créatinémie élevée durant toute la période de l'essai laissent penser que la consommation de paille traitée à l'urée n'a pas eu d'effet négatif sur l'intégrité et le fonctionnement du rein et montre une corrélation négative avec l'urée, ce qui pourrait être expliqué par la disponibilité des protéines donc une moindre protéolyse.

Conclusion :

L'étude du profil sanguin des brebis gravides et allaitantes consommant des régimes à base de paille traitée à l'urée ou non montrent des concentrations sériques des paramètres énergétiques dans les normes décrites dans la bibliographie. Ce pendant l'enrichissement des pailles en matières azotes par le traitement à l'urée semble influencé les concentrations en urémie des brebis du lot expérimental qui enregistrent des valeurs souvent situées à la limite supérieure des nomes de références.

Chapitre III
Indicateurs économiques des coûts de traitement des pailles

Chapitre III
Indicateurs économiques des coûts de traitement des pailles

Introduction :

L'élaboration d'un diagnostic rapide, de l'intérêt de l'utilisation de la paille traitée pour un éleveur, nécessite d'avoir une vue d'ensemble sur, à la fois, les rapports de prix des différents fourrages sur le marché et le coût de traitement des pailles à l'urée.

A noter qu'on ne prend pas en compte, pour l'étude de marché, les fourrages produits et consommés sur l'exploitation agricole et non vendable, on s'intéresse aux produits qui s'achètent et se vendent sur le marché physique (souks) et nous nous limitons à la paille et à l'orge compte tenu que se sont les deux principaux aliments que distribuent traditionnellement les éleveurs à leur cheptel ovin (Yekhlef, 2003).

La technique de traitement de la paille à l'urée est celle dite en meule.

I- Etude du marché des produits :

I-1- La paille :

La paille produite en Algérie issue selon le (B.N.E.D.E.R., 1994) de :

- 50% de la paille des blés (dur et tendre), qui sont incomplètement consommés par les animaux dans les conditions actuelles de distribution, le déchet part en litière.
- 30% de paille d'orge, qui est pratiquement entièrement consommée.
- 20% de paille d'avoine, de seigle et de sorgho.

I-1-1- Commerce de la paille :

Selon Kourgli et Lounici (1988), la paille est de libre commerce sur lequel on ne dispose pas à l'heure actuelle de données précises, par ailleurs, la paille est entièrement consommée par les animaux dans l'année même.

C'est seulement les années de très bonne récolte qu'un stock de plus d'un an peut être constitué, une faible partie de la paille est absorbée par des activités industrielles.

La paille est disponible pendant 8 mois environ et d'accès facile pour les éleveurs en zones de production excédentaire (Zone céréalière isohyète 600 – 400 mm).

Dans la zone tellienne, la paille est soit :

- Achetée en période de production pour les éleveurs qui disposent d'un lieu de stockage.
- Approvisionnée en quantités limitées selon les besoins du cheptel (en période de soudure) pour les éleveurs qui ne possèdent pas de moyens pour le stockage.

Les éleveurs de la zone steppique, dont la conduite de cheptel est basée sur le pâturage, doivent passer par les stocks approvisionnés par les négociants afin de couvrir les besoins de leurs troupeaux en paille.

I-1-2- Prix de la paille :

Les prix moyens mensuels, sur les neuves dernières années de 2005 à 2013, fournis par une enquête sur le marché de bétail d'Aïn M' lila, sont représentés par le tableau 37 et illustrés par la figure 3.

Tableau 37: Prix de la paille pendant la période allant de 2005 à 2013(DA /botte).
(ITELV., Ain m'lila, 2013)

Année \ Mois	Jan	Fév	Mar	Avr	Mai	Jui	Juil	Aou	Sep	Oct	Nov	Dec
2005	80 à 110	90 à 130	60 à 150	80 à 120	120 à 190	120 à 200	130 à 200	130 à 200	120 à 200	130 à 110	130 à 320	130 à 320
2006	160 à 320	150 à 300	150 à 300	150 à 250	140 à 250	130 à 180	130 à 200	125 à 220	120 à 250	140 à 290	150 à 330	170 à 350
2007	220 à 350	180 à 350	150 à 270	150 à 250	150 à 280	80 à 140	70 à 150	80 à 130	100 à 140	80 à 160	90 à 150	90 à 150
2008	90 à 100	110 à 160	100 à 160	100 à 160	120 à 160	120 à 170	140 à 200	130 à 240	150 à 300	170 à 280	180 à 300	200 à 320
2009	160 à 300	200 à 350	150 à 300	150 à 250	120 à 250	60 à 120	60 à 110	70 à 130	70 à 130	100 à 150	80 à 130	100 à 150
2010	120 à 180	100 à 150	100 à 120	100 à 140	100 à 150	110 à 160	110 à 160	130 à 200	130 à 180	130 à 180	130 à 200	130 à 210
2011	170 à 280	166 à 280	220 à 350	240 à 300	130 à 160	150 à 240	140 à 180	170 à 300	200 à 300	200 à 320	250 à 380	300 à 380
2012	250 à 350	350 à 440	400 à 540	400	250 à 320	250 à 300	250 à 340	240 à 300	230 à 280	270 à 320	270 à 380	320 à 420
2013	320 à 450	350 à 450	280 à 360	260 à 320	240 à 320							

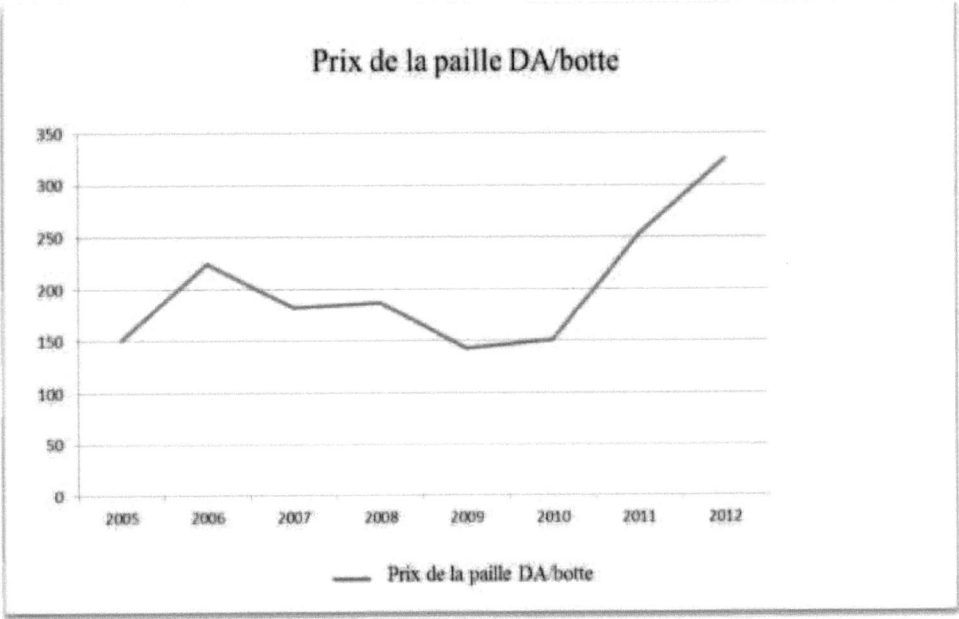

Figure 5: Evolution du prix de la botte de paille de 2005 à 2013 (ITELV, 2013).

Le marché de la paille passe par une période d'instabilité des prix entre 2005 et début 2009 (mauvaises années).
Les prix des pailles de céréales passent de 80 DA par botte à 450 DA par botte en hiver 2010.

En règle générale, le prix de la paille reste bas de mars à octobre: les pluies de printemps sur jachères ou parcours assurent l'essentiel de l'alimentation des troupeaux en fourrages grossiers.

La tension s'accroît sur le marché pour la période de " soudure", entre novembre et février, la période où les éleveurs ont une nécessité de fournir un fourrage indispensable à la rumination; provoquant la montée des prix.

De nombreux éleveurs pratiquent un achat fractionné en période de soudure afin de :
- Limiter le volume acheté à raison de la difficulté à prévoir la disponibilité fourragère du pâturage (environ une année sur cinq est fortement déficitaire en pluie).

- Limiter la ponction sur la trésorerie.
- Limiter la perte au stockage.

La paille est disponible partout et d'accès facile pour les éleveurs en zones de production excédentaire (bassin céréalier) ; les autres doivent passer par les souks approvisionnés par les négociants.

I-2- L'orge :

L'orge est une espèce très rustique, elle peut par conséquent être cultivée dans toutes les zones, même sur celles ayant des conditions climatiques sévères. Toutefois, la culture de l'orge est surtout répandue dans la zone à pluviométrie inferieure à 350 mm/an, c'est donc la culture des régions difficiles par excellence.

I-2-1- Commerce de l'orge :

La demande de l'orge est très élevée en égard à sa bonne valorisation par les animaux à viande.

L'orge est distribuée à travers ce circuit directement aux éleveurs et aux maquignons et vers les fabricants d'aliment du bétail, d'ailleurs, depuis le début de la compagne 1990/1991, la commercialisation de l'orge n'est plus réglementée ; elle est soumise aux lois de l'offre et de la demande, les transactions peuvent se faire publiquement en toute liberté dans les différents lieux d'échange. Les variations du prix de l'orge sont représentées dans le tableau 38.

Etude expérimentale *Chapitre III : Indicateurs économiques des coûts de traitement des pailles*

Tableau 38: Prix de l'orge durant la période allant de 2005 à 2013 (DA/Qx).
(ITELV., 2013).

Année \ Mois	Jan	Fev	Mar	Avr	Mai	Jui	Juil	Aou	Sep	Oct	Nov	Dec
2005	1600 à 1800	1600 à 2000	1600 à 2000	1600 à 1800	1600 à 1800	1800 à 2000	1800 à 1900	1800 à 2000	1850 à 2200	1800 à 2200	1900 à 2200	1900 à 2200
2006	1900 à 2200	2000 à 2200	2000 à 2300	2000 à 2300	2000 à 2300	1700 à 2200	1600 à 2000	1700 à 2000	1700 à 2000	1700 à 2000	1800 à 2000	1700 à 2400
2007	1800 à 2500	2000 à 2500	2000 à 2500	1700 à 2000	1600 à 2000	1400 à 1800	1400 à 1800	1500 à 2000	1600 à 2200	1700 à 2200	1800 à 2200	1800 à 2200
2008	1900 à 2200	2000 à 2500	2000 à 2600	2000 à 2500	2000 à 2500	2000 à 2700	2200 à 2700	2200 à 3000	2500 à 3000	2600 à 3200	2600 à 3400	2600 à 3400
2009	2200 à 3000	1600 à 2600	1600 à 2000	1600 à 2000	1800 à 2000	1800 à 2000	1900 à 2000	2000 à 2500	2000 à 2400	1900 à 2200	2000 à 2200	1900 à 2000
2010	2000 à 2600	2000 à 2600	1800 à 2500	1500 à 2000	1400 à 1800	1700 à 2000	1800 à 2100	1900 à 2200	2000 à 2500	2000 à 2500	2500 à 2700	2700 à 2800
2011	2800 à 3200	2600 à 3500	2600 à 3200	2500 à 3000	2500 à 3000	2000 à 2500	1400 à 1700	2400 à 2800	2500 à 3000	2500 à 3200	2500 à 3500	2800 à 3500
2012	2500 à 3700	2500 à 3000	2500 à 3000	2500 à 3000	2400 à 2700	2000 à 2500	2000 à 2500	2000 à 2500	2000 à 2500	2000 à 2500	2000 à 2500	2200 à 2800
2013	2000 à 3000	2500 à 3000	2500 à 3000	2500 à 3000	2500 à 3000							

II- Coût du traitement de la paille à l'urée :

D'autre part, comme on l'a expliqué précédemment, la technique de traitement retenue et celle dite « à l'urée en meule » et cela pour plusieurs raisons dont notamment :

Les coûts de traitement sont établis en admettant que les techniques sont mises en œuvre d'une façon rotationnelle.

Le prix du matériel et des produits utilisés sont celui de l'hiver 2013.

Les conditions techniques retenues pour le traitement sont les suivantes :
- Paille conditionnée en botte de 16 Kg en moyenne.
- Meule de 4 tonnes, soit 4 rangées de paille disposées en pyramides.
- Traitement à 7% d'urée et 40% d'humidité.

II-1- Matériels et fournitures (pour une meule) :
- Une bâche de sol et une bâche de couverture en polyéthylène noir de 150 microns.
- 280 kg d'urée avec de paille à traiter.
- Un arrosoir manuel pour l'humidification de la paille.

II-2- Calcul du coût de traitement d'un kg de paille à l'urée :

Dans nos calculs, nous ne comptabiliserons ni le coût de transport (diversité des situations) ni le coût de libération de surface couverte permise par la meule (valeur difficilement quantifiable).

a- **Bâche en polyéthylène** :
Bâche de dessus = 13 x 4m = 52m^2
Bâche de dessus = 17 x 4m = 68m^2
Donc : 120m^2

Soit 18 kg de plastique, ce qui représente 4,5 kg de polyéthylène par tonne de paille durant l'hiver 2013, le prix du film plastique est de 93 DA/kg.

Le coût des bâches s'élève dans ces conditions à 1674 DA pour 4 tonnes de paille.

L'urée : l'Algérie importe la totalité de l'urée utilisée dans le pays, car la production d'urée sur place reviendrait trop chère compte tenue de la faible demande en ce produit.

70 kg d'urée par tonne de paille soit 280 kg / meule sont nécessaires pour le traitement de 4 tonnes.

Durant l'année 2013, le prix de l'urée est de 40 à 50 DA / kg (ITELV, 2013)

L'arrosoir pour l'humidification de la paille au prix de 450 DA.

b- Main d'œuvre : le nombre de personnes nécessaires à la confection d'une meule est estimé à deux, par ailleurs, il faut environ une demi-journée de travail de la main d'œuvre qui s'établirait à 500DA.

c- Eau: Le prix du mètre cube d'eau dans le secteur agricole est fixé à 20 DA, le coût de l'eau à utiliser serait alors de 31,80 DA (Tarif de référence EPBA).

Le coût globale de traitement à l'urée pour une meule de 4 tonnes s'établit ainsi à :

Film plastique..1 674 DA
Urée...11 200 DA
Arrosoir.. 450 DA
Main d'œuvre.. 1 000 DA
Eau... 31, 80 DA
Total.. 14355,8 DA
Soit..3,59 DA/Kg

Selon Abdouli et Kraim (1992), pour des raisons économiques, il est possible de réutiliser 2 ou 3 fois la bâche plastique.

D'autre part, la main d'œuvre n'est pas toujours salariée. Enfin, l'arrosoir peut être réutilisé à d'autres fins ou carrément remplacé par un pulvérisateur.

Le coût serait alors :

Film plastique ....1674 DA/2=837 DA
Urée ....1200 DA
Eau ....31,80 DA
Total ....12680,8 DA
Soit ....3,02 DA/ Kg

On tiendra compte de cette situation pour définir deux niveaux de coût :
1- Le coût meule type .... 3,59 DA/Kg de paille
2- Le coût meule (2 ans / bâche)..................................3,02 DA/ Kg de paille

II-3- Valeur de la paille traitée à l'urée :

Il existe deux situations où l'intérêt des éleveurs peut être marqué :
- Une valeur alimentaire améliorée = le traitement crée de l'énergie (UF).
- Une valeur anti-gaspillage = le traitement permet d'éviter le refus de 10 à 20% de la paille par les animaux (Mercier, 1994) et donc d'économiser celle-ci qui peut dégager un surplus vendable, ou une économie d'achat.

- Le traitement n'est pas une opération délicate, qui exige une main d'œuvre qualifiée sa réalisation par l'éleveur fait économiser le cout de cette opération.

II-4- Matériels et fournitures (pour une meule) :
II-4-1- Coût de l'UF générée par le traitement de la paille à l'urée :

Selon les essais réalisés à l'ENSA, la valeur énergétique de la paille passe de 0,34 UF/kg de MS à 0,49 UF/kg de MS, soit 0,15 UF/kg de paille traitée à l'urée (Triki, 1989), cette nouvelle énergie a donc un coût de :

Meule type ……………………………………..3,59 DA / 0,15 UF = 23.93 DA/ UF.
Meule (2 ans /bâche)……………………………3,02 DA / 0,15 UF = 20,13 DA/ UF.

II-4-2- Coût du kg de paille non gaspillée :

Le traitement permet de faire ingérer la paille habituellement gaspillée, on économise ainsi 1kg de paille quand on distribue 10 kg, si le taux de gaspillage est de 10%, le prix de ce kilogramme de paille est inclus dans le coût du traitement des 10 kg, si le taux de gaspillage est de 20%, on économisera 2 kg de paille pour 10 kg traitées (tableau 40).

Tableau 39 : Coût du Kilogramme de paille non gaspillée (DA).

Taux de gaspillage	10%	20%
Meule type	2,12	4,24
Meule « 2 ans /bâche »	1,74	3,48

Conclusion :

Les multiples effets, induits par le traitement de la paille à l'urée, observent dans le cadre de ce travail les conséquences positives attendues sur les plans :

- **Nutritionnel :** la valeur faible énergétique des pailles est passée de 0,22 UF/kg de MS avant le traitement à 0,37 UF/kg de MS après traitement ; soit une augmentation de 0,15 UF/kg de MS. Cette amélioration a été motivée par l'effet du traitement sur la solubilisation des parois végétales (NDF, ADF et lignine). L'effet le plus marqué réside dans le passage de la teneur en azote des pailles de 3,45% à 14,37% après traitement ; soit un accroissent de 4,16 fois de la valeur initiale.

L'amélioration de la valeur nutritive et la composition pariétale, sont favorables à l'augmentation de la matière sèche volontairement ingérée et l'appétit de l'animal.

- **Economique :** comparativement au coût d'achat de l'orge (3000 DA/Qx), le coût de traitement de la paille est de (1 740 DA / 100UF) à raison que l'emploi de l'urée nécessite un équipement souvent simple à acquérir et facile à manipuler comparativement à d'autres types de traitement avec les alcalis.

Le gain financier des éleveurs est lié à l'augmentation des performances pondérales des ruminants à raison de l'amélioration de la valeur nutritive de la paille.

La rareté des suppléments protéiques et les pertes de poids enregistrées chez les ruminants en saison sèche peuvent être réduites ou compensées par l'utilisation des pailles traitées à l'urée (Yakhlef, 2003).

- **Environnemental :** l'utilisation de l'urée pour traiter les fourrages pauvres ne polluent pas l'environnement tel que la Soude et l'ammoniac, en plus l'absence de toxicité des pailles traitées et aussi l'effet négatif sur la production chez les ruminants (Chermiti, 1994).

Tous ces points positifs, devront encourager l'utilisation de cette substance dans l'amélioration des pailles de céréales.

Conclusion générale

Conclusion générale

La présente étude a porté sur la comparaison des paramètres zootechniques et du métabolisme sanguin, de brebis gravides et allaitantes, de race Ouled Djellal élevées en bergerie intégrale et recevant des rations à base de paille traitée ou non, complémentées par des niveaux de concentré variables et croissants selon les besoins physiologiques de gestation et de lactation. Les résultats montrent que :

- La paille traitée à l'urée a été significativement mieux consommée (+ 30 %). La matière sèche volontairement ingérée a presque doublé dans le cas du régime expérimental (83,55 VS 44,23 g / j / $P^{0,75}$) durant la lactation ;
- Une amélioration du poids à la naissance de l'ordre de 20 % (4,55 VS 3,80 kg) a été induite chez les agneaux des brebis recevant de la paille traitée à l'urée ;
- l'intérêt du traitement sur le gain de poids (+ 30 %) et le poids au sevrage (+ 16 %) qui étaient favorisés surtout par un lait plus riche en protéines et en lactose.

Concernant les paramètres sanguins, les concentrations obtenues sur les brebis gravides et allaitantes consommant de la paille traitée à l'urée sont dans les normes rapportées dans la littérature, seuls les résultats de l'urémie sont souvent situés dans la limite supérieure des normes rapportées dans la bibliographie. Néanmoins, l'ammoniac libéré n'a probablement pas atteint le seuil de toxicité, toutefois ces pertes azotées auraient pu être contournées pour une meilleure utilisation par les micro-organismes du rumen permettant d'optimiser les performances zootechniques des brebis.

Ainsi, donc distribuer de la paille traitée à l'urée à volonté, complémentée avec des taux progressifs de concentré exerce une influence positive sur les performances zootechniques des brebis et pourrait entrer dans le système alimentaire traditionnel du cheptel ovin algérien notamment en périodes alimentaires critiques.

A priori, dans le contexte algérien ou les fourrages font souvent défaut par rapport aux besoins des animaux ; ces derniers n'arrivent à couvrir que 41% des besoins énergétiques (le déficit étant estimé à 8 milliards d'UF en 2013). Le traitement des pailles peut constituer un moyen privilégié pour améliorer la valeur nutritionnelle des quantités disponibles estimées à 4 millions de tonnes et participant à la couverture de 20 % des besoins des ruminants et minimiser les frais alimentaires engendrés par le recours massif à l'emploi des céréales et des aliments composés qui font l'objet de spéculations durant les périodes de soudure (novembre – février).

Sur le plan économique, l'intérêt du traitement à l'urée sur la valeur azotée de la paille est plus qu'évident (augmentation de 4,16 fois) et contribue sans aucun doute à la couverture des besoins azotés, à l'optimisation des performances, à la réduction du gaspillage des pailles et l'amélioration du coût alimentaire.

    Les résultats de la présente étude confirment donc l'amélioration de la valeur alimentaire des pailles traitées rapportée par différents auteurs et mettent en évidence l'intérêt du traitement à l'urée durant la gestation et la lactation sur la matière sèche volontairement ingérée, le poids à la naissance, la qualité du lait et le poids au sevrage chez la brebis Ouled Djellal. En outre, cette réponse positive mérite d'être prise en charge dans les conditions alimentaires difficiles.

Références bibliographiques

Références bibliographiques

ABDELRAHMAN.M., ABO-SHEHADA. M.N, MESENAT. A., MUKBEL. R., 2002. The requirements of calcium by Awassi ewes at early lactation. Small Ruminant. Rescarch. 45: 101-107.

ABDOULI. H., KHORCHANI.T., 1987. Traitement des pailles à l'urée. I. Conditions d'utilisation de l'urée, source d'ammoniac, dans le traitement de la paille. Revue fourrage,Alger. 110: 205-218.

ABUSALEM. F., HUSSEIN. Y., 1975. Effect of some variables on the extractability of proteins, urease activity , free alpha groups and soluble carbohydrates from soyabean meal. Quat .plant. Plant. Foods Hum. Nutrition. 24: 247-256.

ALIBES. X., MUNOZ. F., FACI. R., 1987. L'urée comme source d'ammoniac pour le traitement chimique des pailles de céréales, approches aux conditions optimales du traitement. AGRIMED . 2-3 Nov.

ALLOUCHE. N., 2008. Etude comparée des performances de croissance d'agnelles de race Ouled- Djellal, alimentées à base de foin de luzerne ou de paille traitée à l'urée. Etude de quelques paramètres plasmatiques (Urée, protéines, créatinine et transaminases). Mémoire de Magister Agronomie. INA. El Harrach ,Alger. 103 p.

ALVAREZ-RODRIGUEZ. J., SANZ. A., JOY. M., 2009 . The effect of the spring management system on blood metabolites and luteal function of ewes on Mediterranean mountain areas .Small Ruminant Research. 82 : 18-26.

ANTOGIOVANI. M., FRANCI. O., ACCIAILI. A., BRUNI. R., PUGLISES. C., PONZETTA. M.P., et MARTINI. A., 1998 . Supplementation of cereal straws with different protein feed : in-vivo studies In ANTOGIOVANI, M Ed : Mediterranean roughage and by products. Option Méditerranéenne. Série B: Etudes et recherches. 17: 9-16.

ANTUNOVIE.Z., SENIC. D., SPERANDA. M., LIKER. B., 2002. Influence of the season and the reproductive status of ewes on blood parameters.Small Ruminant Research.45 : 39-44.

ANTUNOVIE. Z., SPERANDA. M., STEINER. Z., 2004. The influence of age and reproductive status to the blood indicators of the ewes.Arch. Tierz. Dummerstorf. 47: 265-290

ANTUNOVIE. Z., MARIE. I., STENER. Z., VEGARA. M., NOVOSELEC. J., 2011a. Blood metabolic profile of the Dubrovnik sheep- Croation endangered breed. Maced. Journal. Animal. Sciences. 1: 35-38.

ANTUNOVIE. Z., NOVOSELEC. J. , SAUERWEIN. H., SPERANDA.M., VEGARA. M., PAVIC. V., 2011b . Blood metabolic profile and some hormones concentration in ewes during different physiological status. Bulgarian, Journal. Agricule. Sciences.17: 687-695.

AOAC., 1999. The association of Official Analytical Chemists. Official methods of analyses 16th edition. 5th revision. VA. AOAC International. Gaithersburg MD (USA).

ARBOUCHE F ., 1978 . Race ovine D'men, monographie de son élevage en zone saharienne II : Analyse comparative de quelques paramètres zootechniques entre la race ovine D'men et la race ovine Ouled Djellal. Mémoire Ingénieur . INA.El Harrach, Alger. 84p.

BALIKCI. E., YILDIZ. A., GURDOGAN.F., 2007. Blood metabolite concentrations during pregnancy and postpartum in Akkaraman ewes. Small Ruminant Research.67: 247-251.

BAUMGARTNER. W. , PERNTHANER. A . , 1994. Influence of age, season,and pregnancy upon blood parameters in Austrian Karakul sheep.Small Ruminant Research. 13: 147-151.

BEKEOVA. E., ELECKO. J., HENDRICHOVSKY. V., CHOMA. J., KRAJNICAKOVA. M., 1987. The effect of beta- carotene on the changes in the cholesterol concentrations in calving heifers before and after parturition. veterinary Medicine (Praha). 32:459-468.

BELHADI. A ., 1989 . Analyse comparée des performances des agneaux de race «Ouled-djellal» croisée. F1 Mérinos et Ouled-djellal . Exploitées en milieu steppique : Ain-El bey. Mémoire Ingénieur . INA. El-Harrach, Alger. 102p.

BELL. A.,W., 1995. Regulation of organic nutrient metabolism during transition from late pregnancy to early lactation. Journal of Animal Science.73: 2804-2819.

BENGOUMI. M., FAYE. B., DE LA FORGE. F., 1998 a. Clinical enzymology in the dromedary camel. III. Effect of dehydration on serum ALT, AST, GGT, AP and LDH and urine GGT activities. Journal. Camel Pract. Research. 5 : 119-122.

BENGOUMI. M., FAYE. B., DE LA FORGE. F., 1998 b. Clinical enzymology in the dromedary camel. IV. Effect of exercise on serum, AST, ALT, GGT, AP and LDH and CK activities. Journal. Camel Pract. Research. 5 : 123-126.

BENHADI. M., 1979. Contribution à l'organisation et à l'amélioration du système d'élevage du troupeau ovin de la coopérative agro- pastoral de Tadjmit. Mesure et analyse de quelques paramètres zootechniques. Mémoire Ingénieur. INA. El Harrach, Alger. 83 p.

BENTALEB .D., 1990. Contribution à la recherche de processus de dégradation de l'urée en ammoniac en vue du traitement des pailles. Mémoire Ingénieur. INA. El-Harrach, Alger. 61p.

BERGNER . H., ZIMMER. W., J., MUNCHOW. H., 1974. Untersunchung ensurcharak terisie -rung von strohpellets. Arch. Tierernahrung, 24: 689-700.

BLAKELEY. R.L., ZERNER. B., 1984. Jack bean urease: the first nickel enzyme. Journal. Mol. Catalysis, 23 : 263-292.

B.N.E.D.E.R., 1994 . Etude sur les prix et les structures des initiations agricoles.

BOUABOUNE . S., 1989. Valeur alimentaire et bilan azoté de la paille de blé et du foin de luzerne chez deux ruminants, bouc et mouton. Mémoire Ingénieur. INA. El Harrach ,Alger .68p.

BOUGUETTAYA. M., 1999. Les pailles de céréales: variation de la composition chimique et comportement uréolytiques. Mémoire Magister. Institut des sciences de la nature, Université. Annaba, 150 p.

BROZOSTOWSKI. H., MILEWSKI. S., WASILEWSKA. A., TANSKI. Z., 1996. The influence of the reproductive cycle on levels of some metabolism indices in ewes.ARCH. Vetérinary. Polonic. 35 : 53-62.

BRUGERE-PICOUX. J., 2002. Maladies métaboliques des ruminants, cours .

CALDEIRA. R. M., BELO. A.T.; SANTOS.C.C.,VAZQUES.M.I.,PORTUGAL.A.V., 2007(a). The effect of body condition score on blood metabolites and hormonal profiles in ewes. Small Ruminant Research. 68: 233-241.

CALDEIRA. R. M., BELO. A.T., SANTOS.C.C.,VAZQUES.M.I.,PORTUGAL.A.V., 2007(b). The effect of long-term feed restriction and over-nutrition on body condition score, blood metabolites and hormonal profiles in ewes. Small Ruminant Research. 68: 242-255.

CAMPLING K.L MURDOCH J.C., 1966. The effect of concentration of the voluntary intake of roughage by cows, Journal, Dairy 33p.

CANEQUE. V., VELASCO. S., SANCHA. J.L., 1998. Chemical treatement of maize stover with urea. In. ANTOGIOVANI, M. Option Méditerranéenne. Série B: Etude et recherche. 17 : 17-32.

CASTILLO. C., HERNANDEZ. J., LOPEZ-ALONSO. M., MIRANDA. M., BENEDITO. J.L., 1999. Effect of physiological stage and nutritional management on some serum metabolite concentrations in Assaf ovine breed.Arch. Tierz. Dummerstorf 42 : 377-386.

CHACHOUA. I., 2005. Effet du traitement à l'urée des pailles de céréales sur certains paramètres zootechniques et sanguins des ovins. Mémoire Magister. INA .El-Harrach, Alger. 94p.

CHELLIG. R., 1992. Les races ovines Algériennes. Office des Publications Universitaires. Alger. 180p.

CHENOST.M., 1994. Les facteurs de réussite de traitement de la paille à l'urée. Option méditerranéenne, série B. Etude et recherche. 6 : 47-59.

CHENOST. M., DULPHY. J.P., 1987. Amélioration de la valeur alimentaire (composition, digestibilité, ingestibilité) des mauvais foins et des pailles par les différents types de traitement. In les fourrages secs : récolte, traitement, utilisation. C. Démarqilly. Ed. INRA, Paris, 689 p.

CHENOST. M., 1987. Complémentation des paille in « Les fourrages secs, récolte, traitement, utilisation. Ed., INRA. Paris, 183-198.

CHERIF. N., 1988. Fixation et distribution de l'azote sur les composants chimiques des pailles de céréales traitées à l'ammoniac. Effet de l'espèce et de la variété. Mémoire Ingénieur . INA. El Harrach, Alger, 58 p.

CHERMITI. A., NEFZAOUI. A., TELLER. E., VANBELLE. M., 1991. Optimisation du traitement des pailles de céréales à l'ammoniac et à l'urée. L'évaluation de l'efficacité du traitement à partir des pertes de produits volatils. Revue de l'agriculture : 973-982.

CHERMITI. A., 1994. Utilisation des pailles de céréales traitées à l'ammoniac et à l'urée par différentes espèces de ruminants dans les pays d'Afrique du Nord. Thèse de Doctorat en Sciences Agronomiques. Université Catholique de Louvain, Belgique, 134p.

CHIOFALO. V., TODAROB. M., LIOTTAA. L., MARGIOTTAC. S., MANZOC. T., LETO. G., 2005. Effect of propylene glycol addition on pre- and postpartum performance by dairy ewes. Small Ruminant Research. 58 : 107-114.

CHORFI .Y., GIRARD .V., 2005. Le profil métabolique chez la chèvre. QRAAQ, 4p.

CLOETE. S.W.P., KRITZINGER. N.M., 1983. A laboratory assesment of various treatment conditions affecting the ammoniac of wheat straw by urea. I. The effect of temperature, moisture level and treatment period. S. Afr. Journal. Animal. Sciences, 14: 55-58.

CONRAD. J.P., 1942. The occurrence and origin of ureaselike activities in soils. Soil Sciences, 54: 367-380.

COOK. A.R., 1976. Urease activity in the rumen of sheep and the isolation of ureolytic bacteria.J. Gen. Microbiology, 92: 32-48.

CORDESSE. R., 1987. Programme de recherche. AGRIMED, 2-3 Nov.

DEGHNOUCHE. K ., 2011 . Etude de certains paramètres zootechniques et du métabolisme énergétique de la brebis dans les régions arides (Biskra). Thèse Doctorat Université Batna, 256 p.

DEMARQUILLY . C. et ANDRIEU . J., 1987 . Prévision de la valeur alimentaire des fourrages secs au laboratoire. In. C. DEMARQUILLY. ED. : Les fourrages secs : Récolte, traitement, utilisation. INRA. publication. Paris : 243-275.

DIAS-DA-SILVA. A., SUNDSTOL. F., 1986. Urea as a source of ammonia for improving the nutritive value of wheat straw. Animal. Feed. Sciences. Technologie. 14 : 67-79.

DIAS DA SILVA. A., 1987. Traitement de la paille à l'urée. AGRIMED, 2-3 Nov.

DIAS. I.R.; VIEGAS. C.A.;SILVA. A.M.; PEREIRA. H.F.;SOUSA. C.P.; CARVALLO. P.P.; CABRITA. A.S., FONTES. P.J.; SILVA. S.R.; AZEVEDO. J.M.T. 2010. Haematological and biochemical parameters in Churra-da-Terra-Quente ewes from the northeast of Portugal. Arq. Bras.Med. Veterinary. Zootechnie. 62 :256-272.

DUBREUIL. P., ARSENAULT. J. et BELANGER. D., 2005. Biochemical reference ranges for groups of ewes of different ages. Veterinary Research . 156: 636-8.

El-SHERIF. M., ASSAD. A., 2001. Changes in some blood constituents of Barki ewes during pregnancy and lactation under semi-arid conditions. Small Ruminant Research. 40: 269-277.

FORBES. J.M., 1970. Voluntary food intake of pregnant ewes. Journal. Animal. Sciences. 31.

FRIEDRICH. B., MAGASANIK. B., 1977. Urease de Klebsiella aerogenes : contrôle de sa synthèse par la glutamine synthètase. Journal of Bacteriology ,Aug. 131: 446-452.

GOLMAHI. A., HAGHIGHIAN-ROODSARY.M., GHOLAMINIA. A.H., HILL. J.,2006. The replacement of maize silage by urea-treated whole-crop barley in the diets of Iranian native sheep. Small Ruminant Research. 64 : 67-76.

GOMEZ-CABRERA . A., ESRASO . E., GARIDO. A., MORALES. J., 1985. Tratamiento de paya de cereales con ammoniaco. Resultados en Andalucia. Pastos. 15 : 213-225.

HADDAD. O ., 1981 . Contribution à l'étude des profils biochimiques chez les ovins : influence de l'alimentation. Mémoire Maître ES Sciences Veterinary .Toulouse.136p.

HADJPLERIS. G., et HOLMES. W., 1966. Studies on food intake and feed utilisation by sheep. I- The voluntary intake of dry pregnant and lactating ewes. Journal. Agricole. Camb., 94: 563-573.

HAFFAF. S., 2010. Etude des profils biochimique et minéral peripartum des brebis de la race Ouled Djellal. Mémoire Magister, Université de Batna.88 p.

HAJDAREVIE. F., LOKVANCI. H., MUTEVELI. T., NEZIROVI. N., 1989. A clinical-laboratory assessment of several biochemical and mineral parameters of late pregnant ewes.XIVSavjetovanje-Noveisav.Metodeurazmnozavanjuovaca I koza.Ohrid,Macedonia:71-78.

HAMADEH. M.E., BOSTEDT. H., FAILING. K., 1996. Concentration of metabolic parametrs in the blood of heavily pregnant and non-pregnant ewes. Berliner Munchener Trierarztlichewochenschrift 109 :81-86

HANED. N. et BELGHITAR. M., 1993. Bilan zootechnique de trois années d'essais sur les agnelles et les brebis menées en bergerie intégrale et consommant de la paille traitée (à l'ammoniac ou à l'urée) ou non. Mémoire Ingénieur. INA. El Harrach, Alger. 103 p.

HASSOUN. PH., 1987. Traitement de la bagasse par l'urée. Mémoire Ingénieur agronome au C.R.A.G. (Centre de Recherche Antille-Guyane) 126 p.

HENZE. P., BICKHARDT. K., FUHRMANN. H., 1994. The influences of insulin, cortisol,growth hormone and total oestrogen on the pathologis of ketosis in sheep. Dtsch Tierarztl Wochenschr , 101: 61-65.

HOAGLUND. C.M., THOMAS. V.M., PETERSON. M.K., KOTT. R.W. 1992. Effect of supplemental protein source and metabolizable energy intake on nutritional status in pregnant ewes.Journal.Animal.Sciences.70: 273-280.

HOFFMAN. P.C., ESSER. N.M., BAUMAN. L.M., DENZINE. S.L., ENGSTROM. M., CHESTER-JONES. H., 2001. Effect of dietary protein on growth and nitrogen balance of Holstein heifers.Journal.Dairy Sciences.84: 843-847.

HOUMANI. M., 1998. Effet comparé de l'aspersion mécanique de l'urée en solution sur andin au champ et mamelle sur bottes pour le traitement de la paille de blé sur la digestibilité et sur la croissance d'agneau.Annale. Zootechnie., 47 : 197- 205.

IBRAHIM . M.N.M., WIJERATNE. A.N.U., COSTA, M.J.I., 1985. Effect of different sources of urease on the treatment time and digestibility of urea.Ammoniac treat rice straw. Agricole. Wastes, 13: 197-205.

JACOB . N.; VADODARIA. V.P. 2001. Levels of glucose and cortisol in blood of Patanwadi ewes around parturition, Indian. Veterinary. Journal. 78 : 890-892.

JARRIGE. R., 1987. Place des fourrages secs dans l'alimentation des herbivores domestiques. Ingénieur. C. Demarquilly. Ed. Les fourrages secs : Récolte, traitement, utilisation.14-20.

JAVILLIER. M., POLONOVSKI. M., FLORKIN. M., BOULANGER. P., LEMONE. M., ROCHE.J., WURMSER. R., 1964. Traité de biochimie générale, tome 2 : Les agents des synthèses et des dégradations biochimiques. Second fascicule : Les enzymes, Ed.Masson et Cie. 438-439.

JESPERSEN. N.D., 1975.A thermochemical study of the hydrolysis of urea by urease.Journal.Am.Chem.Sociale .97p.

JOURNET, M., 1967. Utilisation de l'azote non protéique par les ruminants. Journée d'étude G.R.N.A.29 avril.

KARAPEHLIVAN. M., ATAKISI.E., ATAKISI. O., YUCAYURT. R ., PANCARCI .S.M., 2007. Blood biochemical parameters during the lactation and dry period in Tuj ewes. Small Ruminant research. 73 : 267-271.

KERBA. A., 1974. Etude de quelques voies d'amélioration des productions ovines en milieu pastoral .Communication. Séminaire. International. Pastoralisme. Alger.

KERNAN. J.A., CROWLE. W.L., SPURR. D.T., COXWORTH. E.C., 1979. Straw quality of cereal cultivars before and after treatement with anaahydrous ammonia. Can. Journal. Animal. Sciences., 59: 511-517.

KHATUN. A., WANI. G.M., BHAT. J.I.A., CHOUDHURY. A.R., KHAN. M.Z., 2011. Biochemical Indices in Sheep During Different Stages of Pregnancy. Asian Journal of Animal and veterinary Advances. 6 : 175-181.

KIANGI. E.M.I., KATEGILE. J.A., 1981. Different sources of ammonia for improving the nutritive value of low quality recharges. Animal. Feed. Sciences. Technologie. 6: 377-386.

KLINKON. M., ZADNIK. T., 1997. An outline of the metabolic profile test (MPT) in small ruminants.Stocarstvo 51:449-454.

KORIZ. M. et BOUKEDJAR. C., 1991. Performances de croissance et de production des antenaises de race Ouled- Djellal consommant des pailles traitées à l'urée ou à l'ammoniac. Mémoire Ingénieur. INA. El Harrach,Alger. 78 p.

KOUACHE. M., 1997. Utilisation des chaumes et des pailles de céréales dans l'alimentation des brebis en phases de gestation et d'allaitement et influence sur la croissance des agneaux. Mémoire Magister. Université de Blida, 88 p.

KRAIEM. K. H., ABDOULI. D., GOODRICH. R., 1991. Comparison of the effects of urea and ammoniatreatments of wheatstraw on intake, digestibility and performance of sheep. Livestock. Production. Sciences. 29 pp: 311-321.

KRAJNICAKOVA. M., KOVAC. G., KOSTECKY. M., VALOCKY. I., MARACEK. I., SUTIAKOVA. I., LENHARDT. L., 2003. Selected clinic biochemical parameters in the puerperal period of goats. Bull Vetenary Research Inst Pulawy, 47 :177-182.

KRID. M., 1985. Contribution à l'étude de la race arabe Ouled- Djellal. Memoire. Ingénieur. Université Batna, 53p.

LAWRENCE. A., YAKHLEF. H., TRIKI. S., ABADA. S., 1990. Rapport n°1, programme de recherche STD paille INA. Département de zootechnie, INA. El Harrach, Alger.

LIU. SM., DONOGHUE. H.O., MATA. G., PETER. D.W., KICIC. E., MASTERS. D.G., 1999. Rate of protein synthesis in the skin and muscle of non-pregnant, pregnant and lactating Merinos ewes. Small Ruminant. Research. 34 : 133-140.

MADANI. T., 1987. Contribution à la connaissance des races ovines algériennes. Cas de la race «Ouled-Djellal». Etude de la morphologie ; et caractéristiques de reproduction ; et de production. Mémoire Ingénieur. INA. El Harrach, Alger, 98 p.

MAHAPATRA. B., MISHRA. D., 1977. The exacellular urease in rice roots .Cur.Sciences. , 46:680-681.

MCNEILL. D.M., MURPHY. P.M., LINDSAY. D.R., 1998. Blood lactose . milk lactose as a monitor of lactogenesis and colostrum production in Merinos ewes. Aust. Journal. Agricole. Research. 49 : 581-587.

MEFTI. H., 1994. Etude comparative de la paille de blé traitée à l'ammoniac gazeux et à l'urée dans l'alimentation des ovins (traitement, digestibilité in-vitro et test de croissance sur jeunes ovins). Mémoire Magister. INES, Blida, 145 p.

MEZA . C., RINCON .RM., BANUELOS .R., ECHFARRIA. F., ARECHIGA. CF., 2004. Effect of different level of food and water deprivation on serum levels of catecholamines glucose and creatinine in Mexican-native goats. Journal. Animal. Sciences.82:87-83

MEZIANE. T., 2001. Contribution à l'étude de l'effet de la salinité de l'eau de boisson et d'un régime à base de paille chez les brebis de race Ouled Djellal dans les hauts plateaux sétifiens. Thèse Doctorat Université Constantine. 143p.

MOREIRA, O.M.S.C. et RAMALHO-RIBEIRO. J.M.C., 1998. Supplement action of cereal straws with different protein feeds: in-vitro studies. In ANTOGIOVANI, Ed: Exploration of

Mediterranean rougaghe and by products.Option Méditerranéenne, série B: Etudes et recherches. 17:65-72.

MUNOZ. F., JOY. M., ANDUEZA. J.D. et ALIBES. X., 1998. Chemical treatement of maize stover with urea. In. ANTOGIOVANI, M. Ed.: Exploitation of Mediterranean rougaghe and by products. Option Méditerranéenne., Série B: Etudes et recherches. 17:33-38.

NAIT ATHMAN. S., 1999. Essai d'introduction en zones céréalières de systèmes d'alimentation des ovins basés sur l'utilisation de paille traitée à l'urée .Mémoire Magister. INA.El Harrach, Alger. 60p.

NDIBUALONJI. B.B., DEHARENG. D., GODEAU. J.M., 1997. Influence de la mise à jeun sur l'amino-acidémie libre, l'urémie et la glycémie chez la vache laitière. Annales. Zootechnie. 46 : 163-174.

NDOUTAMIA. G., GANDA. K., 2005. Détermination des paramètres hématologiques et biochimiques des petits ruminants du Tchad. Revue Médecine. Vétérinaire. 156 : 202-206.

NEDJRAOUI .D ., 2001. Le profil fourrager de l'Algérie .In http//www .fao. org/ag/ agp/agpc/ doc / counprof /Algeria /Algérie .htm.

NJOYA. A., DAWA. N., 1993. Evolution de la note d'état corporel et de quelques paramètres biochimiques chez des agnelles doublée à différents stades physiologiques au Nord-Cameroun. Institut de recherches zootechniques et vétérinaires(IRZV).

OUACHEM. D., SOLTANE. M., DEHIMI. A., MEREDEF. A., BELHADJ. S., 2012. La marne entant qu'additif naturel dans l'alimentation de la chèvre. Livestock. Research for rural development 24. http://www.lvrd.org.

PARE. M., 1989. Possibilité de valorisation, par des traitements à l'urée, des pailles de céréales dans l'alimentation animale au Burkina Faso. Mémoire Ingénieur. INA. El Harrach, Alger. 42p.

PASTRANA. R., MCDOWELL. L.R., CONRAD. J.H.,WILKINSON. N.S., 1991a. Macromineral status of sheep in the Paramo region of Colombia.Small Ruminant.Research.5:9-21.

PAULSON .K.N., KURTS .L.T., 1969. Urease activity in soils. Soil Science Soc. Am. Proc. 33 :897-901.

PAYNE. J.M. 1983. Métabolisme énergétique. In : Maladies métaboliques des ruminants domestiques- HEINEMAN. Ed Le Point Vet ; Medical Books Ltd, Londres .123p.

PICCIONE. G.,CAOLA. G., GIANNETTO. C., GRASSO. F., CALANNIRUNZO. S., ZUMBO. A., PENNISI. P., 2009. Selected biochemical serum parameters in ewes during pregnancy, post-parturition, lactation and dry period. Animal Science Papers and Reports.27 : 321-330.

RAMIHONE. B., et CHENOST. M., 1988. Effet de la nature du complément protéique sur la digestion dans le rumen de la paille de blé traitée ou non à l'ammoniac. Reproduction. Nutrition. Devloppement.28 : 91-92.

RAMIHONE. B., JOUANY. J.P.,CHENOST. M., 1988. Part de l'azote apporté par le traitement à l'ammoniac dans la digestion microbienne d'une paille de blé en fermentateur semi-continu (Rusitec). Reproduction. Nutrition. Developpement. 28 : 151-152.

RAMOS. J.J., VERDE. M. T., MARCA. M. C., FERNANDEZ. A., 1994. Clinical chemical values and variations in Rasa Aragonesa ewess and lambs. Small Ruminant Research 13: 133-139.

REMOND. D., MESCHY. F., BOIVIN. R., 1996. Metabolites, Water and mineral exchanges across the rumen wall: mechanisms and regulation. Annals. Zootechnie. 45: 97-119.

ROON. R.J, LEVENBERG., 1972. Urea amidolyase. 1- Properties of the enzyme from Candida utilis. Journal. Biol. Chem. 247:4107-4113.

ROUBIES. N., PANOUSIS. N., FYTIANOU. A., KATSOULOS. P.D., GIADINIS. N., KARATZIAS. H., 2006. Effects of Age and Reproductive Stage on Certain Serum Biochemical Parameters of Chios Sheep Under Greek Rearing Conditions. Journal of Veterinary Medicine Séries A , 53: 277-281.

SAFFAH. A., BABALLA. S., 1990a. Valorisation des pailles par l'urée dans l'alimentation des ovins : effet de différentes doses. Mémoire Ingénieur. INA. El Harrach, Alger. 56 p.

112. **SAHLU.T., HART. S.P., LE-TRONG. T., JIA. Z., DAWSON. L., GIPSON. T., 1995.** Influence of prepartum protein and energy concentrations for dairy goats during pregnancy and early lactation. Journal of Dairy Sciences.78 : 378-387.

SAHNOUNE. S., 1987. Traitement des pailles à l'ammoniac généré par l'urée : étude de la réaction d'uréolyse en milieu concentré et résultats à l'échelle d'exploitation. Mémoire de diplôme des études approfondies. Option : Sciences des aliments. Université de Clermont II. 124p.

114. **SAIDENE. F., 1977.** Etude de la croissance des agneaux de race Ouled-Djellal et Rembi, en conditions steppiques. Etude des liaisons entre divers stades de la croissance des agneaux et les performances des brebis. Mémoire. Ingénieur. INA.El Harrach.Alger. 64p.

SAKKINEN. H., TVERDAL. A., ELORANTA. E., DAHL. E., HOLAND. O., SAARELA. S., ROPSTAD. E., 2005. Variation of plasma protein parameters in four free-ranging reindeer herds and in captive reindeer under defined feeding conditions. Comparative Biochemistry and Physiology, Part A.142: 503-511.

SEIDEL. H., NOVOTNY. J., KOVAC. G., 2006. Selected biochemical indicated by endocrine and biochemical responses of Malpura ewes subjected to combined stresses (thermal and nutritional) in a semi-arid tropical environment.
International.Journal.Biometeorol.54: 653-661.

SHETAEWI. M.M., DAGHASH. H.A., 1994. Effects of pregnancy and lactation on some biochemical components in the blood of Egyptian coarse-wool ewes. Associal.Veterinary. Medecine. Journal.30: 64-73.

SHINDE. K.A., PATNAYAK. B.C., KARIM. S.A., MANN. J.S., 1995. Blood metabolites and mineral status of sheep under silvipastoral system of grazing management. Ind. Journal.of Animal Sciences.65 : 1077-1080.

119. SINGH. B., MAKKAR. H.P.S., 1987. Short note: Observation on the change in in Sacco digestibility of urea ammoniated wheat straw during treatment. Agricole. Sciences. Comb. 110: 423-426.

120. SLYTER. L.L., OLTJEN. R.R., KERN. D.L., WHEAVER. J.H., 1968. Microbial species including ureolytic bacterial from the rumen cattle feed purified diets.Journal.Nutrition.94: 185-192.

SMITH. N.A., McAULIFFE. F.M., QUINN. K., LONERGAN. P., EVANS. A.C.O. 2010. The negative effects of a short period of maternal under nutrition at conception on the glucose-insulin system of offspring in sheep. Animal. Reproduction. Sciences. 121 : 94-100.

SOBIECH. P., MILEWSKI. S., ZDUNCZYK. S. 2008. Yield and composition of milk and blood biochemical components of ewes nursing a single lamb or twins. Bulletion. Veterinary. Institut. Pulawy. 52:591-596.

SPAIN. J.N. 2000. Essentiality of Specific Fatty Acids in reproductive performances of High Producing Dairy Cows. Department of Animal Sciences. University of Missouri- Columbia, MO 65211 USA.

SUBAGDJA., 1985. Essai de traitement de la paille de riz par l'urée en présence ou non d'uréase. C.E.R.A.G. (Centre de Recherche Antille-Guyane).

SUNDSTOL. F., COXWORTHE. C., MOWI. D.N., 1978 : Amélioration de la valeur nutritive de la paille par le traitement à l'ammoniac. Revue mondiale de Zootechnie. 26 : 13-21.

SYKES. A.R., FIELD. A.C., 1974. Seasonal changes in plasma concentrations of proteins, urea, glucose, calcium and phosphorus in sheep grazing a hill pasture and their relationship to changes in body composition. Journal. Agricole.Sciences.Camb.83: 161-16.

TABATABACI. S., 2012. Gestational variations in the biochemical composition of the fetal fluids and maternal blood serum in goat. Comp. Clin. Pathol. 21: 1305-1312.

TAINTURIER. D., BRAUN. J.P.,RICO. A.G.,THOUVENOT. J.P. 1984. Variations in blood composition in dairy cows during pregnancy and after calving.Research in Veterinary Sciences. 37 : 129-131.

THERIEZ. G. et MOLENAT. G., 1975 : Conduite intensive des troupeaux ovins. Effets du tarissement dès la mise bas sur la fécondité de brebis inséminées tous les 6 mois. Annale. Zootechnie. 24 : 729-742.

TRIKI. 1989. Etude comparative de l'efficacité de deux méthodes de traitement de paille de blé à l'ammoniac. Essais d'introduction dans l'alimentation de génisses en croissance. Mémoire Magister.INA. El Harrach, Alger. 113 p.

TRIKI. S., YAKHLEF. H., LAWRENCE. A., REZZOUG. A., 1998. Sur une méthode subhumide de traitement des pailles à l'urée. Annales. Agronomie. INA. El Harrach, Alger.19 : 124-134.

TURRIES. V., 1976. Les populations ovines algériennes. Département de Zootechnie. INA. El Harrach, Alger.

VAN WYK., STEYN. P.L.,1975. Ureolytic bacterial in sheep rumen .Journal.Gen. Microbiology.91: 225-232.

VARNER. J.E.,LARDY. R.D., MYRBACK. H., 1960. Urease. In; The enzymes. Ed. BAYER. Acad. Press. N.Y., LONDON. 4:247-256.

WATSON. T.D.G., BURNS. L., PACKARD. C.J., SHEPHERD. J., 1993. Effects of pregnancy and lactation on plasma lipid and lipoprotein concentrations, lipoprotein composition and post-heparin lipase activities in Shetland pony mares. Journal of Reproduction and Fertility. 97:563-568.

WILLIAMS. P.E.V., INNES. G.M., BREWER. A., 1984. Ammonia treatment of straw via the hydrolysis of urea.I-Effects of dry matter and urea concentrations on rate of hydrolysis of urea.Animal.Feed. Sciences. Technologie. 11 : 103- 113.

YAHIAOUI .A., 1992 : Enquête dans la région de Tiaret sur le système traditionnel d'élevage ovin, rôle de la paille traitée à l'ammoniac dans l'amélioration des performances Zootechniques. Mémoire Magister. INA. El-Harrach, Alger. 82p.

YAKHLEF. H., 2003. Approche systémique pour l'analyse du rôle de la paille traitée à l'urée ou à l'ammoniac dans l'amélioration des systèmes alimentaires des ovins. Thèse Doctorat. INA . El Harrach, Alger .155p.

YAKHLEF. H., TRIKI. S., 1997. Effet d'une alimentation prolongée de paille traitée à l'ammoniac ou à l'urée sur les paramètres de reproduction des brebis de race Ouled-Djellal. Annales d'agronomie. INA. El Harrach , Alger. 18:52-61.

YOKUS. B., CAKIR. U.D., 2006. Seasonal and Physiological Variations in Serum Chemistry and Mineral Concentrations in Cattle. Biological Trace Element Research.109 : 255-266.

ZAZOUA. M., BOULKEROUA. H., 1992: Performances zootechniques comparées de brebis de race Ouled- Djellal, élevées en bergerie et recevant des rations à base de paille traitée (à l'NH_3 ou à l'urée) ou non. 1er cycle de reproduction avec synchronisation des chaleurs. Mémoire Ingénieur. INA. El Harrach ,Alger. 53 p.

Résumé :

L'effet du traitement de la paille d'orge à 7% d'urée sur la matière sèche volontairement ingérée, le poids à la naissance, la production laitière et la croissance a été étudié au moment de la gestation et après agnelage chez des brebis multipares de raceOuledDjellal. Enfin cette étude a été consolidée par l'évaluation de l'état nutritionnel autour de la gestation et de la lactation à fin de vérifier l'hypothèse de toxicité à l'urée.Les résultats de cet essai ont montré que le traitement de la paille a permis, durant la gestation, une augmentation de la matière sèche volontairement ingérée de l'ordre de 30%. Cet effet a également été significativement marqué sur le poids à la naissance des agneaux (4,55 kg VS 3,80 kg) soit une augmentation de 20% ; P= 0,001, sur le gain de poids (217g VS 187g) soit une augmentation de 16% ; P=0,02 et sur la teneur du lait en protéines +30 % ; P= 0,04 et en lactose + 20 % ; P= 0,02. Les résultats relatifs aux dosages des paramètres sanguins des brebis des deux lots présentent des concentrations normales sauf pour l'urémie dont les concentrations se situent souvent à la limite supérieure des normes citées en bibliographie. Les réponses observées dans cette expérience montrent que la paille traitée à l'urée correctement complémentée peut être envisagée chez la brebis gestante et en lactation.

Mots clés : Brebis, paille, urée, production, biochimie.

Abstract:

The effect of the treatment of barley straw with at a level of 7%urea on the dry matter voluntarily ingested, the weight at birth, milk production and growth has been studied during pregnancy and after bombing in multiparous ewes of the OuledDjellal breed .The second part of this study has dealth with the hypothetic toxicity of the barley straw treated with urea spectrophotometric analysis of some blood parameters. The results have shown that the urea treatment during pregnancy of ewes gave an increase of 30%of dry matter voluntarily ingested. This effect was significantly marked on the weight at birth of lambs (4,55kg VS 3,80 kg)representing an increase of nearly 20% ;P =0,001, on the body weight gain (217g VS 187g) giving an increase of nearly 16%;P = 0,02, and on the content of milk proteins with an increase of +30%;P=0,04and lactose +20% ;P=0,02.The blood parameters obtained during pregnancy and lactation were within the physiological limits, with the exception of blood urea values which were brained towards the maximal values of the interval, therefore we could conclude the barley straw treated with urea properly complemented could be used for the feeding of ewes during pregnancy and lactation with good clinical and biochemical parameters.

Key words: Ewes, straw, urea, production, biochemie.

I want morebooks!

Buy your books fast and straightforward online - at one of the world's fastest growing online book stores! Environmentally sound due to Print-on-Demand technologies.

Buy your books online at

www.get-morebooks.com

Achetez vos livres en ligne, vite et bien, sur l'une des librairies en ligne les plus performantes au monde!
En protégeant nos ressources et notre environnement grâce à l'impression à la demande.

La librairie en ligne pour acheter plus vite
www.morebooks.fr

SIA OmniScriptum Publishing
Brivibas gatve 197
LV-103 9 Riga, Latvia
Telefax: +371 68620455

info@omniscriptum.com
www.omniscriptum.com

Printed by Books on Demand GmbH, Norderstedt / Germany